入門 都市計画

蔵敷明秀 著

大成出版社

装幀　道吉　剛

はじめに

　この本は、これから新たに都市計画にかかわる人々等を対象に、都市計画の概念・概要を紹介することを目的としています。また、都市計画の一部の分野に従事している人々が、都市計画の全体像を把握するのに寄与できることもねらいとしています。

　都市計画の範囲については、この本では、計画的に都市を整備・開発・保全する手法を都市計画とみなして、広範囲に記述しています。実務者の役に立つよう、現在の都市計画の法体系に沿って広く紹介しています。都市計画は広い分野になっているため、法律は都市計画法を中心として、膨大な関係法律と一体となって、都市計画の世界を構成しています。都市計画法だけでは都市計画の全体像を理解できません。この本では関係法律の概要を記述し、制度の理解が全般に及ぶように配慮しています。

　計画、規制、事業、手続、都市政策、都市計画の歩みという順序で、都市計画の全体像を把握できるように記述しています。読む順序としては、興味がある章から順不同に読んでいただいてよいと思いますが、用語や制度の説明文章がその章以前に記述されている場合がありますので、必要に応じてその章以前の関連項目を読んでください。

　都市計画を勉強したいのだが、難しくてよくわからないという人が、たくさんいます。都市計画の用語が、市民生活で使われている言葉とかけ離れていることは原因の一つでしょう。この本では専門用語はできるだけ説明することとしました。また、都市計画の仕組みが重層的で複雑に見えることも原因の一つでしょう。このため、第1章で都市計画の特徴を簡単に記述しましたが、初めて都市計画の本を読む方には、具体性がないように見えるかもしれません。ある程度読み進んで、もう一度第1章を読んでいただければ、幸いです。

　この本は広く浅く都市計画の全体像を紹介しています。原則を記述しているにすぎないので、この本のみで多くの事態に対処するには必ずしも十分ではないと思われます。この本が、読者の皆様の今後の都市計画研究のきっかけとなることを願っています。

　なお、この本は2009年9月現在の制度に基づいて記述しています。
　注）都市再生特別措置法については、2011年4月の法改正を反映しています。

2009年9月　　　蔵敷　明秀

目　次

はじめに

第一編　都市計画

第1章　都市計画の1H5W ——— 2
1．1　「なぜ」 ……………………………… 2
1．2　「どこで」 …………………………… 2
1．3　「なにを」 …………………………… 3
1．4　「だれが」 …………………………… 4
1．5　「いつ」 ……………………………… 4
1．6　「どのように」 ……………………… 4

第2章　都市計画全般 ——— 6
2．1　都市計画区域・準都市計画区域 …… 6
2．2　都市計画基礎調査 ………………… 7
2．3　都市のマスタープラン ……………… 7
　(1)　役割 ………………………………… 7
　(2)　計画期間 …………………………… 7
　(3)　都市像 ……………………………… 8
　(4)　二つのマスタープラン …………… 9
2．4　都市再開発方針等 ………………… 9
　(1)　都市再開発方針 …………………… 10
　(2)　住宅市街地の開発整備の方針 …… 10
　(3)　拠点業務市街地の開発整備の方針 … 11
　(4)　防災街区整備方針 ………………… 11
2．5　都市計画基準 ……………………… 11

第3章　土地利用の計画 ——— 13
3．1　市街化区域、市街化調整区域 …… 14
3．2　建築物の用途、形態を制限する土地利用制度 …… 15
　(1)　用途地域 …………………………… 16
　　(ⅰ)　規制 …………………………… 16
　　(ⅱ)　12用途地域 …………………… 16
　　(ⅲ)　容積率 ………………………… 20

1

(iv)	建ぺい率 ……………………………………………………	21
(v)	敷地面積の最低限度 ………………………………………	22
(vi)	外壁の後退距離 ……………………………………………	22
(vii)	高さ制限 ……………………………………………………	22
(viii)	日影規制 ……………………………………………………	25
(ix)	用途地域の建築制限総括表 ………………………………	27
(x)	用途地域の決定状況 ………………………………………	27
(2)	特別用途地区 …………………………………………………	28
(3)	特定用途制限地域 ……………………………………………	29
(4)	特例容積率適用地区 …………………………………………	29
(5)	高層住居誘導地区 ……………………………………………	30
(6)	高度地区 ………………………………………………………	30
(7)	高度利用地区 …………………………………………………	30
(8)	総合設計 ………………………………………………………	30
(9)	特定街区 ………………………………………………………	30
(10)	都市再生特別地区 ……………………………………………	31
(11)	建築協定 ………………………………………………………	33

3．3　地区計画等 ………………………………………………………… 33
　(1)　地区計画 ………………………………………………………… 33
　　(i)　地区計画一般 ………………………………………………… 33
　　(ii)　再開発促進区 ………………………………………………… 35
　　(iii)　開発整備促進区 ……………………………………………… 36
　　(iv)　誘導容積型 …………………………………………………… 37
　　(v)　容積適正配分型 ……………………………………………… 38
　　(vi)　高度利用型 …………………………………………………… 38
　　(vii)　用途別容積型 ………………………………………………… 38
　　(viii)　街並み誘導型 ………………………………………………… 39
　(2)　防災街区整備地区計画 ………………………………………… 41
　(3)　歴史的風致維持向上地区計画 ………………………………… 45
　(4)　沿道地区計画 …………………………………………………… 46
　(5)　集落地区計画 …………………………………………………… 49

3．4　都市環境の保全を図る土地利用制度 …………………………… 52
　(1)　風致地区 ………………………………………………………… 52
　(2)　緑地保全地域・特別緑地保全地区・緑化地域 ……………… 53
　(3)　生産緑地地区 …………………………………………………… 55

3．5　景観の保全を図る土地利用制度 ……………………… 56
　(1)　景観地区 ……………………………………………… 56
　(2)　歴史的風土特別保存地区 …………………………… 59
　(3)　伝統的建造物群保存地区 …………………………… 60
3．6　交通に関連する土地利用制度 ………………………… 60
　(1)　駐車場整備地区 ……………………………………… 60
　(2)　臨港地区 ……………………………………………… 61
　(3)　流通業務地区 ………………………………………… 62
　(4)　航空機騒音障害防止地区等 ………………………… 63
3．7　特定の目的の土地利用制度 …………………………… 64
　(1)　防火地域・準防火地域 ……………………………… 64
　(2)　特定防災街区整備地区 ……………………………… 64
　(3)　遊休土地転換利用促進地区 ………………………… 65
　(4)　被災市街地復興推進地域 …………………………… 65
3．8　地域地区等の決定状況 ………………………………… 67

第4章　土地利用の規制 ——————————————— 68

4．1　建築確認 ………………………………………………… 68
4．2　建築基準法の道路関連制限 …………………………… 69
4．3　その他の建築基準法上の制限 ………………………… 70
　(1)　卸売市場等の建築制限 ……………………………… 70
　(2)　被災市街地における建築制限 ……………………… 70
4．4　開発行為の規制 ………………………………………… 70
　(1)　開発許可制度の目的 ………………………………… 70
　(2)　開発行為 ……………………………………………… 70
　(3)　開発許可 ……………………………………………… 71
　(4)　公共施設の管理者の同意 …………………………… 71
　(5)　開発許可の技術基準 ………………………………… 72
　(6)　市街化調整区域における立地基準 ………………… 72
　(7)　建築制限 ……………………………………………… 72
　(8)　開発行為により設置された公共施設の管理 ……… 73
4．5　地区計画区域内の建築規制Ⅰ ………………………… 73
4．6　地区計画区域内の建築規制Ⅱ ………………………… 73
4．7　都市計画施設等の区域内における建築の規制 ……… 73
　(1)　建築の許可 …………………………………………… 73

(2)　許可の基準 ……………………………………… 74
　(3)　許可の基準の特例等 …………………………… 74
　(4)　土地の買取り …………………………………… 74
　(5)　土地の先買い等 ………………………………… 74
4．8　市街地開発事業・都市施設の予定区域 ………… 75
　(1)　市街地開発事業等予定区域 …………………… 75
　(2)　予定区域内の建築等の制限 …………………… 75
　(3)　土地建物等の先買い等 ………………………… 75
　(4)　土地の買取り請求 ……………………………… 75
4．9　施行予定者が定められている都市計画施設・市街地
　　　開発事業 ……………………………………………… 76
　(1)　施行予定者 ……………………………………… 76
　(2)　建築制限等 ……………………………………… 76
　(3)　認可の申請の義務 ……………………………… 76
4．10　促進区域 …………………………………………… 76
　(1)　促進区域 ………………………………………… 76
　(2)　市街地再開発促進区域 ………………………… 77
　(3)　土地区画整理促進区域、住宅街区整備促進区域 ………… 78
　(4)　拠点業務市街地整備土地区画整理促進区域 …………… 79
　(5)　促進区域の規制内容 …………………………… 80
4．11　屋外広告物の規制 ………………………………… 80

第5章　都市施設 ──────────────── 82
5．1　都市施設全般 ……………………………………… 82
　(1)　都市施設の種類 ………………………………… 82
　(2)　都市施設を都市計画に定める意義 …………… 82
　(3)　都市計画に定める都市施設 …………………… 83
　(4)　区域区分と都市施設の関係 …………………… 83
　(5)　立体都市計画 …………………………………… 84
　(6)　地下空間における都市計画施設 ……………… 85
5．2　交通施設 …………………………………………… 87
　(1)　都市交通の特徴 ………………………………… 87
　(2)　都市交通体系の在り方 ………………………… 88
　(3)　道路 ……………………………………………… 88
　　(i)　都市部の道路の機能 ………………………… 88

（ⅱ）道路の種別 ………………………………………………… 89
　　（ⅲ）道路網 ……………………………………………………… 92
　　（ⅳ）道路の幅員、線形 ………………………………………… 94
　　（ⅴ）都市計画に定める道路 …………………………………… 94
　　（ⅵ）都市高速道路 ……………………………………………… 95
　　（ⅶ）立体道路制度 ……………………………………………… 95
　　（ⅷ）電線の地中化 ……………………………………………… 97
　　（ⅸ）共同溝 ……………………………………………………… 98
　　（ⅹ）地下街 ……………………………………………………… 98
　（4）都市高速鉄道 …………………………………………………… 99
　　（ⅰ）都市高速鉄道全般 ………………………………………… 99
　　（ⅱ）都市計画に定める鉄道 …………………………………… 100
　　（ⅲ）地下鉄 ……………………………………………………… 100
　　（ⅳ）連続立体交差事業 ………………………………………… 101
　　（ⅴ）都市モノレール等 ………………………………………… 103
　　（ⅵ）大規模宅地開発関連の鉄道 ……………………………… 106
　　（ⅶ）交通結節施設Ⅰ …………………………………………… 106
　　（ⅷ）交通結節施設Ⅱ …………………………………………… 109
　（5）駅前広場 ………………………………………………………… 110
　（6）駐車場 …………………………………………………………… 111
　　（ⅰ）自動車駐車場 ……………………………………………… 111
　　（ⅱ）自転車駐車場 ……………………………………………… 112
　（7）自動車ターミナル ……………………………………………… 113
　（8）その他の交通施設 ……………………………………………… 114
　（9）交通施設の決定状況 …………………………………………… 114
5．3　公共空地 …………………………………………………………… 115
　（1）公園 ……………………………………………………………… 115
　　（ⅰ）公園の機能 ………………………………………………… 115
　　（ⅱ）公園の種別 ………………………………………………… 115
　　（ⅲ）都市計画 …………………………………………………… 118
　　（ⅳ）公園施設 …………………………………………………… 118
　（2）緑地 ……………………………………………………………… 119
　（3）広場 ……………………………………………………………… 120
　（4）墓園 ……………………………………………………………… 120
　（5）公共空地の決定状況 …………………………………………… 121

5．4　供給処理施設·· 122
　(1)　下水道··· 122
　　　(i)　下水道の機能·· 122
　　　(ii)　下水道の種類··· 123
　　　(iii)　排除の方式··· 123
　　　(iv)　都市計画·· 124
　(2)　汚物処理場、ごみ焼却場その他の廃棄物処理施設········· 124
　(3)　地域冷暖房施設·· 125
5．5　河川·· 125
　(1)　河川の都市計画決定·· 125
　(2)　スーパー堤防··· 126
　(3)　スーパー堤防の整備事業··· 126
5．6　市場、と畜場又は火葬場·· 127
5．7　一団地の住宅施設·· 127
5．8　一団地の官公庁施設··· 128
5．9　流通業務団地··· 129
5．10　各種都市施設の決定状況······································· 130

第6章　市街地開発事業 ─────────────── 132
6．1　市街地開発事業全般··· 132
　(1)　市街地開発事業の種類·· 132
　(2)　都市計画基準··· 133
　(3)　施行区域·· 133
　(4)　都市計画·· 133
　　　(i)　関係者の理解·· 133
　　　(ii)　用途地域等との整合性······································· 133
　　　(iii)　施行区域外の都市施設の見直し·························· 133
　　　(iv)　地区計画等··· 134
　(5)　連続立体交差事業と一体的な市街地開発事業············· 134
　(6)　防災上危険な密集市街地··· 134
6．2　土地区画整理事業·· 134
　(1)　土地区画整理事業全般·· 134
　(2)　土地区画整理事業の種類··· 135
　(3)　開発許可との整合性··· 136
　(4)　土地区画整理事業の仕組み····································· 136

(5)　土地区画整理事業の流れ………………………………… 138
　(6)　用語の解説……………………………………………… 139
　(7)　換地特例………………………………………………… 140
　(8)　土地区画整理事業の実績……………………………… 144
　(9)　土地区画整理事業の特色……………………………… 144
　⑽　既成市街地での活用事例……………………………… 145
６．３　新住宅市街地開発事業………………………………… 147
６．４　工業団地造成事業……………………………………… 147
６．５　市街地再開発事業……………………………………… 148
　(1)　市街地再開発事業全般………………………………… 148
　(2)　事業の種類……………………………………………… 148
　(3)　事業の仕組み…………………………………………… 149
　(4)　施行者…………………………………………………… 150
　(5)　事業の流れ……………………………………………… 151
　(6)　用語の解説……………………………………………… 152
　(7)　市街地再開発事業の実績……………………………… 152
　(8)　市街地再開発事業の特色……………………………… 152
　(9)　活用事例………………………………………………… 153
６．６　新都市基盤整備事業…………………………………… 153
６．７　住宅街区整備事業……………………………………… 153
６．８　防災街区整備事業……………………………………… 154

第7章　都市計画の手続―――――――――――――――― 155
７．１　都市計画の決定手続…………………………………… 155
　(1)　都市計画決定権者……………………………………… 155
　(2)　手続の流れ……………………………………………… 157
　(3)　公聴会の開催…………………………………………… 158
　(4)　都市計画の案の縦覧…………………………………… 159
　(5)　都道府県の都市計画の決定…………………………… 159
　(6)　他の行政機関等との調整等…………………………… 159
　(7)　市町村の都市計画の決定……………………………… 160
　(8)　都市計画の告示等……………………………………… 160
７．２　都市計画の提案制度（都市計画法）………………… 160
　(1)　活用場面の想定………………………………………… 160
　(2)　都市計画の提案………………………………………… 160

- (3) 計画提案に対する都市計画決定権者の判断等……………… 161
- (4) 都道府県都市計画審議会等への付議………………………… 161
- (5) 都市計画の決定等をしない場合……………………………… 161

7．3　都市計画の提案制度（都市再生特別措置法）……………… 162
- (1) 都市計画の提案………………………………………………… 162
- (2) 計画提案に対する都市計画決定権者の判断等……………… 162
- (3) 都道府県都市計画審議会等への付議………………………… 163
- (4) 都市計画の決定等をしない場合……………………………… 163
- (5) 都市計画の決定等に関する処理期間………………………… 163

7．4　環境影響評価…………………………………………………… 163
- (1) 環境影響評価…………………………………………………… 163
- (2) 環境影響評価及び都市計画手続の概要……………………… 163
- (3) 環境影響評価対象事業………………………………………… 164
- (4) 環境影響評価方法の決定……………………………………… 164
- (5) 環境影響評価書の確定………………………………………… 165
- (6) 環境影響評価の事業への反映………………………………… 165

7．5　都市計画事業…………………………………………………… 166
- (1) 施行者…………………………………………………………… 166
- (2) 都市計画事業の認可等の告示………………………………… 166
- (3) 建築等の制限…………………………………………………… 167
- (4) 事業の施行についての周知措置……………………………… 167
- (5) 土地建物等の先買い…………………………………………… 167
- (6) 都市計画事業のための土地等の収用又は使用……………… 167
- (7) 税制上の優遇措置……………………………………………… 169
- (8) 受益者負担金…………………………………………………… 169
- (9) 都市計画税……………………………………………………… 169

第8章　都市計画関係法 ——————————————— 171

第二編　都市政策

第9章　都市政策 — 174
9．1　経済社会情勢の認識 … 174
　(1) 本格的な人口減少社会の到来、急速な高齢化の進展 … 174
　(2) 情報通信技術の発達 … 174
　(3) 安全・安心、地球環境、美しさや文化に対する国民意識の高まり … 174
　(4) ライフスタイルの多様化 … 175
　(5) 多様な民間主体の成長 … 175
　(6) 財政的制約の高まり … 175
　(7) 環境 … 176
9．2　都市の在り方 … 176
　(1) 都市圏の形成 … 176
　(2) 集約型都市構造 … 176
　(3) 大都市のリノベーション … 177
　(4) 産業の活性化 … 177
9．3　都市の整備 … 178
　(1) 住生活 … 178
　　(i) 居住環境 … 178
　　(ii) 良質な住宅ストック … 178
　(2) 都市交通体系 … 179
　　(i) 歩いて暮らせるまち … 179
　　(ii) 市街地交通環境 … 179
　　(iii) 公共交通機関 … 180
　　(iv) 都市の幹線道路 … 180
　(3) 景観形成 … 181
　(4) 災害 … 182
　　(i) 災害対策 … 182
　　(ii) 都市機能の確保 … 183
　　(iii) 都市型災害に対する取組 … 183
　　(iv) 地震対策 … 183
　(5) 環境保全 … 184
　　(i) 地球温暖化防止 … 184

         (ⅱ) ヒートアイランド対策等……………………………… 185
         (ⅲ) 環境影響評価の実施 ………………………………… 185
     (6) 多様な主体の参画 ……………………………………… 185

第10章　中心市街地活性化 ——————————————— 187
10．1　現状と課題 ……………………………………………… 187
10．2　基本的な考え方 ………………………………………… 188
     (1) 中心市街地の政策的位置付け ………………………… 188
     (2) 中心市街地選定の考え方 ……………………………… 189
     (3) 中心市街地に導入すべき機能 ………………………… 189
     (4) 中心市街地以外の地域との役割分担 ………………… 189
     (5) 官民の適切な役割分担 ………………………………… 190
10．3　中心市街地の活性化に関する法律 …………………… 190
10．4　都市計画手法の活用方法 ……………………………… 192
     (1) 都市計画の考え方 ……………………………………… 192
     (2) 中心市街地内部における個別都市計画手法の活用 …… 193
         (ⅰ) 居住人口の増加施策 ……………………………… 193
         (ⅱ) 来街者の増加施策 ………………………………… 194

第11章　都市再生 ——————————————————— 196
11．1　都市再生の意義及び目標 ……………………………… 196
     (1) 都市再生の意義 ………………………………………… 196
     (2) 都市再生の目標 ………………………………………… 196
11．2　基本的な方針 …………………………………………… 197
     (1) 都市再生に取り組む基本姿勢 ………………………… 197
     (2) 都市再生施策の対象地域 ……………………………… 197
     (3) 都市再生施策の重点分野 ……………………………… 197
11．3　都市再生緊急整備地域 ………………………………… 198
     (1) 都市再生緊急整備地域の指定基準 …………………… 198
     (2) 都市再生緊急整備地域の具体的な地域イメージ …… 198
     (3) 都市再生緊急整備地域における施策の集中的実施 … 199
11．4　都市再生整備計画 ……………………………………… 204
     (1) 自主性と創意工夫による全国の都市再生の推進 …… 204
     (2) 都市再生整備計画における視点等 …………………… 205

第三編　都市計画の歩み

第12章　戦後の都市計画 ———————————————— 208
12．1　戦災復興 ·· 208
(1) 戦災復興事業 ·· 208
(2) 戦災復興事業の見直し ·· 208
(3) 各地の戦災復興土地区画整理事業 ··································· 209
12．2　都市への人口集中に対応した宅地供給 ···························· 210
(1) 都市部の人口急増 ·· 210
(2) 宅地の供給 ·· 212
12．3　モータリゼーションに対応した道路整備 ························ 214
(1) 自動車交通の急増 ·· 214
(2) 道路の整備 ·· 216
12．4　都市環境の改善 ·· 218
(1) 都市公園 ··· 218
(2) 下水道 ·· 219

第13章　都市関係政策と都市計画の歩み ———————————— 220

都市計画関係法　索引 ————————————————— 231

第一編　都市計画

　この本は、これから新たに都市計画にかかわる人々等を対象に、都市計画の概念・概要を紹介することを目的としています。都市計画の範囲については、この本では、計画的に都市を整備・開発・保全する手法を「都市計画」とみなして、広範囲に記述します。

第1章　都市計画の1H5W

「1H5W」は、ものごとを説明する際、「なぜ（why）」「どこで（where）」「なにを（what）」「だれが（who）」「いつ（when）」「どのようにして（how）」を、明示する必要があることを示す言葉です。

第1章では都市計画の全体像、性格を概観するために、「都市計画の1H5W」を述べることとします。

1.1　「なぜ」

「健康で文化的な都市生活」を実現するため、また「機能的な都市活動」を確保するため、都市計画を行います。

前者は、アメニティー、潤い、ゆとり、美しさなどのイメージにつながります。後者は、活力、活性化、民間事業、効率、経済性などのイメージにつながります。これらは矛盾するものではなく、両者あいまって、都市の魅力を高めるものだと考えられます。

1.2　「どこで」

都市計画区域と準都市計画区域で都市計画を行います。

都市計画区域とは、一体の都市として総合的に整備、開発及び保全すべき区域とされています。ここで重要なのは、市街地のみを対象とするのではなく、市街地周辺の保全すべき区域も都市計画区域に含むということです。保全すべき区域では市街化を抑制し、市街地のスプロール化を防止します。また、必ずしも行政区域単位でとらえるものではなく、市街地の広がりや住民の生活圏域などを考慮し、将来の都市活動に必要な土地や施設がある程度充足できる範囲も検討した上、都市計画区域は設定されます。その結果、市町村の行政区域の一部だけとなったり、複数の市町村が一つの都市計画区域になったりします。

都市計画区域について問題になったのは、モータリゼーションの進展に伴い、市街地から遠く離れた田園部や山間部の都市計画区域外で、商業開発や住宅地開発が行われるようになったことです。この対策として、平成12年（2000年）に都市計画法が改正され、準都市計画区域の制度が創設されました。都市計画区域外で、相当数の建築活動や敷地の造成が行われ、又は行われると見込まれる区域が見られます。土地利用の整序や環境の保全などの措置を講ずるこ

となく放置すれば、将来に支障を生じるおそれがある一定の区域を、準都市計画区域に指定できることとなりました。準都市計画区域では土地利用の規制をかけることになります。

1.3　「なにを」

都市計画は計画をするだけではありません。計画を実現する手法も含んでいます。計画に沿って、土地利用を規制誘導し、さらに計画を直接的に実現するため、都市施設の整備や市街地開発事業を行うことも、都市計画の重要な内容です。

大ざっぱに言って次の4項目を行います。

ア．「都市計画」を決定する。

計画の項目は、大くくりにすると、都市計画区域、都市のマスタープラン、土地利用の計画、都市施設の計画、市街地整備事業の計画の5項目になります。

イ．「土地利用」を規制誘導する。

土地利用の規制誘導の主な計画手法としては、市街化区域・市街化調整区域の区分（いわゆる線引き）、用途地域（商業地域、第一種住居地域、工業専用地域等の12地域）、地区計画などがあります。

土地利用には農業的土地利用や林業的土地利用などもありますが、都市計画の分野で使用される土地利用の用語は、都市的土地利用を意味します。都市的土地利用とは、道路、公園、水路などの公共施設、建築物とそのための敷地を総称します。

ウ．「都市施設」を整備する。

都市施設の主なものとしては、道路、鉄道、駐車場、公園、下水道、河川、教育施設などがあります。

エ．「市街地開発事業」を行う。

市街地開発事業は、一定の区域について、道路などの公共施設と建築物の敷地などを一挙に面的に整備する事業です。市街地開発事業の主なものは、土地区画整理事業、新住宅市街地開発事業、市街地再開発事業、住宅街区整備事業、防災街区整備事業です。

以上のように、都市計画の基本的な対象は都市の土地、建物、公共施設です。ハードな「もの」が対象になります。ソフトな都市活動は、計画の前提や目標、将来の予測や期待にはなりますが、原則として都市計画の法体系の対象外と考えてよいと思います。都市を舞台に人々の営みをより高めようとする様々な活動は、通常「まちづくり」と呼ばれ、地方公共団体、NPO、商店街、

町内会、企業、大学など多様な主体が参加して行われています。

1.4 「だれが」

「地方公共団体」が都市計画を決定し、土地利用を規制誘導します。「地方公共団体」とは、都道府県と市町村です。都市計画を決定し、土地利用を規制誘導することは、国民に対する拘束力を持つことを意味します。これを行うのは民間団体では不適当で、「地方公共団体」が行います。都市計画の決定に当たっては、住民に身近な基礎的自治体である市町村が中心となり、市町村の区域を超える広域的・根幹的な計画について、都道府県が決定することになっています。

都市計画のうち、「都市施設を整備する」「市街地開発事業を行う」という都市整備の分野では、原則として市町村が事業を行いますが、広域的施設などは都道府県が事業を行います。さらに、法令の許認可を受けて、独立行政法人、公社、組合、株式会社などが、事業主体になることができます。

1.5 「いつ」

上で述べた主体が必要と認めたとき、都市計画を行います。すなわち、地方公共団体が必要と考えたとき、必要と考えた都市計画を決定し、都市計画が決定されれば、土地利用の規制誘導が始まります。

都市施設の整備と市街地開発事業については、事業主体が必要と考えたとき、所定の手続を経て、必要と考えた整備を行います。

原則として、いつ行うかは権限を持つ者の裁量にゆだねられているといえるでしょう。

1.6 「どのように」

都市計画の決定に当たっては、公聴会の開催、都市計画の案の縦覧、住民等の意見書の提出、都道府県都市計画審議会又は市町村都市計画審議会への付議等が、都市計画法に規定されています。情報開示、住民参加等を行うこととしていて、民主的な手続となっています。また住民やNPO等による都市計画の提案制度も、平成15年（2003年）に都市計画法に導入されました。

土地利用の規制誘導については、建築確認と、開発行為の許可手続のなかで、都市計画との整合性が審査され、都市計画と整合性のある建築行為や開発行為が実施されることとなります。開発行為とは、主として建築物の建築等の用に供する目的で行う土地の区画形質の変更をいいます。

都市施設の整備や市街地開発事業を行う際には、都市計画事業認可を得て実

施されます。事業認可を得ると補助金や土地収用の手続が有利、円滑になります。

　事業を行う際必要不可欠な事業費用については、国庫補助制度、国からの交付金制度や市町村の独自の財源となる都市計画税の制度があり、これらの財源を基に都市整備が進められます。なお、土地区画整理事業や市街地再開発事業は、事業制度自体のなかに、一部の不動産を売却する仕組みがあり、これにより事業資金を調達することができます。

第2章　都市計画全般

本章では、都市計画全般にわたる項目を記述します。
都市計画の場である都市計画区域・準都市計画区域、都市計画の基本方針であるマスタープラン、個別政策の方針である都市再開発方針等を述べます。

2.1　都市計画区域・準都市計画区域（都市計画法第5条、第5条の2）

都市計画区域は、一体の都市として総合的に整備、開発及び保全すべき区域とされています。一つの都市計画区域は、行政区域にとらわれることはなく、市町村の一部が指定から外れること、あるいは複数の市町村にまたがって指定されることが多くあります。
都市計画区域は、国土の26.4％、99,954km²が指定され、そこに全人口の93.8％の人が住んでいます。指定されるべき地域のほとんどは、既に指定されていると考えられます。

表　都市計画区域の指定状況

年度末	都市計画区域数	都市計画区域内			全国		
		市町村数	面積	人口	市町村数	国土面積	人口
			ha	千人		km²	千人
昭和60	1,212	1,918	9,194,348	107,841	3,253	377,801	120,721
平成2	1,251	1,945	9,392,381	112,236	3,239	377,737	123,157
7	1,285	1,987	9,692,794	114,427	3,234	377,829	124,914
12	1,311	2,016	9,869,465	116,814	3,229	377,873	126,285
17	1,271	1,426	9,982,489	118,378	1,823	377,923	127,055
18	1,260	1,415	9,987,313	118,750	1,805	377,930	127,053
19	1,231	1,407	9,995,401	119,228	1,794	377,946	127,066

出典　国土交通省
以下、都市計画の統計情報で、特に表記のないものの出典は国土交通省です。

準都市計画区域は、平成12年（2000年）の法改正で創設された制度です。都道府県が、広域の観点から都市計画区域外において土地利用の整序、環境の保全が必要な区域を、準都市計画区域に指定します。そのような性格から、準都市計画区域において定めることができる地域地区は、用途地域、特別用途地

区、特定用途制限地域、高度地区、景観地区、風致地区、緑地保全地域又は伝統的建造物群保存地区に限定され、開発を指向する地域地区は指定できません。準都市計画区域においては、地区計画は定められません。また、用途地域の指定のない区域においては大規模な集客施設の立地が制限されます。

表　準都市計画区域の指定状況

区域数	33
市町村数	34
面積(ha)	60,610

平成20年3月31日現在　　（国土交通省資料より）

2.2　都市計画基礎調査

　都道府県は、都市計画区域について、おおむね5年ごとに、都市計画に関する基礎調査として、人口規模、産業分類別の就業人口の規模、市街地の面積、土地利用、交通量等に関する現況及び将来の見通しについての調査を行います。

　都道府県は、準都市計画区域について、必要があると認めるときは、都市計画に関する基礎調査として、土地利用その他一定の事項に関する現況及び将来の見通しについての調査を行います。

2.3　都市のマスタープラン

(1)　役割

　都市計画の実現には長時間を要することから、都市計画は長期的な見通しを持って定める必要があります。

　また、個々の都市計画の決定に当たっては、都市計画が地権者に対して拘束力を持つことから、その妥当性が説明される必要があります。その説明については、将来の目指すべき都市像の観点から行われることが望ましいといえます。

　このため、マスタープランにおいては、住民に理解しやすい形で都市の将来像を明確にし、その実現に向けての大まかな道筋を明らかにすることが重要です。

(2)　計画期間

　都市計画は100年の大計といわれます。京都は平安京の都市計画が基礎になっています。東京は江戸時代の都市計画が基礎になっています。このようにあ

る時代の都市計画が数百年、一千年の間影響を及ぼすことはよくあることです。

しかし、一方、短期中期で、社会経済の構造的変化も起こります。第2次世界大戦後の変化を見ても、農業の衰退、2次3次産業の拡大、GDPの拡大、都市への人口集中、モータリゼーション、高層ビル建築技術の発展、人口の増加、情報化の進展、地球環境問題、高齢社会など、都市計画が対応すべき大きな変化が多数ありました。

長期にわたる影響を考え、短中期の変化に対応するためには、おおむね20年を計画期間とし、必要が生じれば随時見直しを行うことが適切とされています。

(3) 都市像

将来の都市像は、地域の人々が選択すべきものですが、時代が要請する都市構造や地域固有の環境を踏まえることが大切です。

ア．都市構造

超高齢社会の到来が必至の状況にあって、徒歩と公共交通機関で移動可能な都市をつくることが重要視されています。公共交通機関が成り立つためには、都市圏内に一つ又は複数の機能集積地があり、その周囲に順に高密度、中密度の住宅市街地が配置される都市構造が考えられます。機能集積地とは、居住、公共公益施設、事業所、商業等が集積し、そこで、住み、働き、訪れる人々が交流する地区をいいます。公共交通機関は機能集積地間、機能集積地と周囲の市街地間を連絡します。このような都市構造を集約型都市構造、コンパクトシティーなどと呼んでいます。

市街地が無秩序に薄く拡散した拡散型都市構造に対して、集約型都市構造は次の利点があります。

- 公共交通機関が成り立ち、高齢者の移動が容易になります。
- 機能集積地では、コミュニティーの機能が確保され、交流、にぎわい、文化、「都市の顔」などの効果が期待されます。
- 郊外開発の抑制、公共交通機関の活用、移動距離の短縮により、エネルギー効率が高くなり、自然環境の保全を図ることができます。
- 既成市街地の公共公益施設のストックが有効に使えます。
- 各種公共的サービスの効率が向上し、都市経営コストが抑制できます。

イ．地域固有の環境

- 歴史風土

  都市は全く新規に計画されることはまれであり、多くの場合長い歴史を持っています。地形や気候も地域特有のものです。これらはその都市の個

性を形づくってきたものであり、将来の都市像策定に当たっても大切にしてほしいものです。
- 交通利便性

　都市は規模の大小はあれ、行政、文化、情報、企業活動等について地域の中心的機能を持ちます。これらの機能の集積の度合いは交通利便性に左右されます。幹線道路、鉄道、空港、港湾の現状と将来見通しの上に立って、中心的機能を計画します。
- 経済力

　地域の経済力に見合った形で都市は形成されていきます。経済力とかけ離れた華々しい都市像を考えても、多くの場合実現は困難であり、かえって混乱をもたらすことになります。今後、多くの都市で人口が減少すると考えられます。規模の拡大にこだわることなく、住民の幸福を真に実現する都市像を考えてほしいものです。

(4) 二つのマスタープラン

　都市のマスタープランには、都市計画区域マスタープランと市町村マスタープランがあります。都市計画法第6条の2の規定に基づく「都市計画区域の整備、開発及び保全の方針」を「都市計画区域マスタープラン」と呼んでいます。都市計画法第18条の2の規定に基づく「市町村の都市計画に関する基本的な方針」を「市町村マスタープラン」と呼んでいます。

　「都市計画区域マスタープラン」は、一体の都市として整備、開発及び保全すべき区域である都市計画区域全域を対象として、都道府県が一市町村を超える広域的見地から、都市計画の基本的な方針を定めるものです。

　一方、「市町村マスタープラン」は、都市計画区域マスタープランに即し、各市町村の区域を対象として、住民に身近な市町村が、地域に密着した見地から、市町村の定める都市計画の方針を定めるものです。

　両マスタープランの趣旨からすると、都市計画区域マスタープランにおいては、広域的、根幹的な都市計画に関する事項を主として定め、市町村マスタープランにおいては、地域に密着した都市計画に関する事項を主として定めることが考えられます。

2.4　都市再開発方針等（都市計画法第7条の2）

　都市計画に、次の方針（以下「都市再開発方針等」といいます。）で必要なものを定めます。
- 都市再開発の方針（「都市再開発法」第2条の3第1項又は第2項）
- 住宅市街地の開発整備の方針（「大都市地域における住宅及び住宅地の供

給の促進に関する特別措置法」第4条第1項）
- 拠点業務市街地の開発整備の方針（「地方拠点都市地域の整備及び産業業務施設の再配置の促進に関する法律」第30条）
- 防災街区整備方針（「密集市街地における防災街区の整備の促進に関する法律」第3条第1項）

(1) **都市再開発方針**

　人口集中が特に著しいとして政令で定める大都市の都市計画区域の市街化区域においては、都市計画に、次の事項を明らかにした都市再開発の方針を定めなければなりません。
- 再開発が必要な市街地における再開発の目標、当該市街地の土地の高度利用及び都市機能の更新に関する方針
- 上の市街地のうち特に一体的かつ総合的に市街地の再開発を促進すべき相当規模の地区の整備又は開発の計画の概要

　なお、政令で定める大都市は、東京都特別区、大阪市、名古屋市、京都市、横浜市、神戸市、北九州市、札幌市、川崎市、福岡市、広島市、仙台市、川口市、さいたま市、千葉市、船橋市、立川市、堺市、東大阪市、尼崎市及び西宮市です。

　上述の大都市以外の都市計画区域における都市再開発の方針は、次の事項を定めます。
- 市街化区域内の再開発が必要な市街地のうち、特に一体的かつ総合的に市街地の再開発を促進すべき地区の整備又は開発の計画の概要

(2) **住宅市街地の開発整備の方針**

　住宅市街地の開発整備の方針は、「大都市地域における住宅及び住宅地の供給の促進に関する特別措置法」（以下「大都市法」といいます。）に基づく制度です。

　この法律は、昭和57年（1982年）に制定され、大都市地域において大量の住宅及び住宅地の供給と良好な住宅街区の整備とを図り、もって大都市地域の秩序ある発展に寄与することを目的としています。しかしながら、住宅地の需要が縮小している現在では、住宅地の大規模開発の必要性は乏しくなっています。

ア．**大都市地域**

　東京都特別区、首都圏整備法の既成市街地・近郊整備地帯、近畿圏整備法の既成都市区域・近郊整備区域、中部圏開発整備法の都市整備区域

イ．**住宅市街地の開発整備の方針**

　大都市地域に係る都市計画区域で、良好な住宅市街地の開発整備を図るべき

ものとして国土交通大臣が指定するものにおいては、都市計画に、次の事項を明らかにした住宅市街地の開発整備の方針を定めなければなりません。
- 住宅市街地の開発整備の目標、良好な住宅市街地の整備又は開発の方針
- 次の地区の整備・開発の計画概要
    ① 一体的かつ総合的に良好な住宅市街地を整備・開発すべきである市街化区域内の相当規模の地区
    ② 良好な住宅市街地として計画的に開発することが適当と認められる市街化調整区域内の相当規模の地区

(3) 拠点業務市街地の開発整備の方針

拠点業務市街地の開発整備の方針は、「地方拠点都市地域の整備及び産業業務施設の再配置の促進に関する法律」(以下「地方拠点法」といいます。)に基づく制度です。

国及び地方公共団体は、地方拠点法に基づく拠点地区が存在する市街化区域において、都市計画に拠点業務市街地の開発整備の方針を定めるよう努めることとなっています。

(4) 防災街区整備方針

市街化区域内においては、密集市街地内の各街区について防災街区としての整備を図るため、次の事項を明らかにした防災街区整備方針を定めます。
- 特に一体的かつ総合的に市街地の再開発を促進すべき相当規模の地区の整備又は開発に関する計画概要
- 防災公共施設の整備及びこれと一体となって特定防災機能を確保するための建築物その他の工作物の整備に関する計画概要

表 都市再開発方針等の策定状況

	都市数
都市再開発方針	144
住宅市街地開発整備方針	172
拠点業務市街地開発整備方針	1
防災街区整備方針	59

平成20年3月31日現在

2.5　都市計画基準（都市計画法第13条）

都市計画区域について定められる都市計画は、国土形成計画、首都圏整備計画、近畿圏整備計画、中部圏開発整備計画、北海道総合開発計画、沖縄振興計

画、公害防止計画その他の法律に基づく国土計画・地方計画に適合しなければなりません。また、国の道路、河川、鉄道、港湾、空港等の施設に関する計画に適合しなければなりません。

　土地利用、都市施設の整備及び市街地開発事業に関する事項については、都市の健全な発展と秩序ある整備を図るため必要なものを、都市の特質を考慮して、一体的かつ総合的に定めます。この場合、当該都市における自然的環境の整備・保全に配慮します。

　都市計画の項目は多岐にわたります。それらを計画する際のキーワードは、「一体的かつ総合的に」です。都市計画が説得力を持つためには、都市計画全体が矛盾なく整合する必要があり、「一体性」と「総合性」が求められます。

第3章　土地利用の計画

土地利用の計画には以下のものがあります。
A．区域区分
　1．市街化区域
　2．市街化調整区域
B．地域地区
　1．用途地域
　2．特別用途地区
　3．特定用途制限地域
　4．特例容積率適用地区
　5．高層住居誘導地区
　6．高度地区
　7．高度利用地区
　8．特定街区
　9．都市再生特別地区
　10．防火地域・準防火地域
　11．特定防災街区整備地区
　12．景観地区
　13．風致地区
　14．駐車場整備地区
　15．臨港地区
　16．緑地保全地域
　17．特別緑地保全地区
　18．緑化地域
　19．流通業務地区
　20．生産緑地地区
　21．歴史的風土特別保存地区等
　22．伝統的建造物群保存地区
　23．航空機騒音障害防止地区等
C．遊休土地転換利用促進地区
D．被災市街地復興推進地域
E．地区計画等

1．地区計画
    再開発促進区
    開発整備促進区
    誘導容積型
    容積適正配分型
    高度利用型
    用途別容積型
    街並み誘導型
2．防災街区整備地区計画
3．歴史的風致維持向上地区計画
4．沿道地区計画
5．集落地区計画

　以上のように膨大な土地利用の計画制度があります。新たな問題やきめ細かな問題に対応するため制度が増加してきました。もちろん、一つの都市でこれらの制度をすべて適用することはありません。その都市に必要な計画制度のみを適用します。以下に都市計画法以外の規定による土地利用の計画制度も含めて、それぞれの制度について説明します。

3.1　市街化区域、市街化調整区域（都市計画法第7条）

　都市計画区域について無秩序な市街化を防止し、計画的な市街化を図るため必要があるときは、都市計画に、市街化区域と市街化調整区域との区分（以下「区域区分」といいます。）を定めることができます。ただし、次の土地を含む都市計画区域については、区域区分を定めなければなりません。
イ．首都圏整備法の既成市街地又は近郊整備地帯
ロ．近畿圏整備法の既成都市区域又は近郊整備区域
ハ．中部圏開発整備法の都市整備区域
ニ．政令指定都市
　市街化区域とは、既に市街地を形成している区域及びおおむね10年以内に優先的かつ計画的に市街化を図るべき区域とされています。市街化調整区域とは、市街化を抑制すべき区域とされています。
　市街化区域と市街化調整区域の区分は一般に線引きと呼ばれています。この制度は都市への人口集中が続き、無秩序な宅地開発が社会問題となっていた昭和43年（1968年）に都市計画法に規定されました。
　市街化調整区域は、市街化を抑制すべき区域とされていますが、開発行為を

全面的に禁止するものではありません。市街化調整区域において許可される開発行為は都市計画法第34条において限定列挙されています。また、原則として用途地域の指定は行われず、都市施設の整備、市街地開発事業の実施も予定されていません。

市街化調整区域においては、計画的で良好な開発行為や、市街化調整区域内の既存コミュニティーの維持や社会経済情勢の変化への対応を勘案し必要性が認められる開発行為で、さらなる市街化を促進するおそれがないと認められるものについては開発を許可しても差し支えないという考え方をしています。具体的には、地区計画等を策定した上で、これに適合した一定規模（国土交通省の指針によると、20ha以上、特定の開発は5ha以上）の開発行為等については、個別に許可が行われます。

市街化区域、市街化調整区域の区域区分の決定状況は下表のとおりですが、市街化圧力が強くない都市計画区域では、線引きを解消しているところがあります。なお、平成17年度に、区域数、市町村数が大きく減少しているのは市町村合併による影響です。

表　市街化区域、市街化調整区域の区域区分の決定状況

年度末	区域区分設定済都市計画区域			市街化区域			市街化調整区域面積
	区域数	市町村数	面積	面積	人口		
			ha	ha	千人		ha
昭和60	326	849	5,058,546	1,353,528	76,730.4		3,705,018
平成2	331	839	5,097,918	1,373,703	79,879.5		3,724,215
7	338	840	5,181,642	1,408,457	81,971.9		3,773,185
12	338	841	5,213,349	1,438,142	84,195.8		3,775,038
17	294	664	5,169,200	1,435,765	85,489.5		3,733,435
18	287	657	5,165,692	1,436,745	86,126.3		3,728,947
19	282	654	5,179,064	1,439,007	86,597.7		3,740,057

（国土交通省資料より）

3.2　建築物の用途、形態を制限する土地利用制度

土地利用の計画のなかで、建築物の用途、形態（容積率、建ぺい率、高さ、敷地の最低面積、外壁の後退等）を制限する制度、あるいは制限を緩和して、望ましい土地利用に誘導する制度を述べます。この後、地域と地区という言葉が多くでてきます。相対的に地域は広く、地区は狭いエリアを指して使われています。

(1) 用途地域（都市計画法第8条、第9条）
　用途地域は、土地利用の用途の混在を防ぎ、日照、通風、防火、騒音、振動、悪臭、交通混雑などの環境問題の発生を防止する役割があります。また、都市の将来像の実現のため、必要とされる都市機能（商業、工業、居住機能等）の配置構想に沿って土地利用を誘導する役割があります。
(i) 規制
　用途地域が指定されると、
- 建築物の用途
- 容積率
- 建ぺい率
- 敷地面積の最低限度
- 外壁の後退距離
- 高さ制限、日影規制

などの規制がかかることになります。
(ii) 12用途地域
　用途地域は以下の12地域があります。用途地域内の建築物の用途制限は建築基準法第48条に規定されています。

ア．住居系地域
- 第一種低層住居専用地域は、低層住宅に係る良好な住居の環境を保護する地域です。小規模な店舗や事務所を兼ねた住宅や、小中学校などが建てられます。
- 第二種低層住居専用地域は、主として低層住宅に係る良好な住居の環境を保護する地域です。小中学校などのほか、150㎡までの一定の店舗などが建てられます。
- 第一種中高層住居専用地域は、中高層住宅に係る良好な住居の環境を保護する地域です。病院、大学、500㎡までの一定の店舗などが建てられます。
- 第二種中高層住居専用地域は、主として中高層住宅に係る良好な住居の環境を保護する地域です。病院、大学などのほか、1,500㎡までの一定の店舗や事務所など必要な利便施設が建てられます。
- 第一種住居地域は、住居の環境を保護する地域です。3,000㎡までの店舗、事務所、ホテルなどが建てられます。
- 第二種住居地域は、主として住居の環境を保護する地域です。店舗、事務所、ホテル、カラオケボックスなどが建てられます。
- 準住居地域は、道路の沿道としての地域特性にふさわしい業務の利便増進を図りつつ、これと調和した住居の環境を保護する地域です。道路の沿道

において、自動車関連施設などの立地と、これと調和した住居の環境を保護するための地域です。

イ．商業系地域
- 近隣商業地域は、近隣の住宅地の住民に対する日用品の供給を行うことを主たる内容とする商業その他の業務の利便を増進する地域です。住宅や店舗のほかに小規模の工場も建てられます。
- 商業地域は、主として商業その他の業務の利便を増進する地域です。銀行、映画館、飲食店、百貨店などが集まる地域で、住宅や小規模の工場も建てられます。

ウ．工業系地域
- 準工業地域は、主として環境の悪化をもたらすおそれのない工業の利便を増進する地域です。主に軽工業の工場やサービス施設等が立地する地域で、環境悪化が大きい工場のほかは、ほとんどのものが建てられます。
- 工業地域は、主として工業の利便を増進する地域です。どんな工場でも建てられる地域で、住宅や店舗は建てられますが、学校、病院、ホテルなどは建てられません。
- 工業専用地域は、工業の利便を増進する地域です。どんな工場でも建てられますが、住宅、店舗、学校、病院、ホテルなどは建てられません。

表　用途地域による建築物の用途制限の概要

用途地域内の建築物の用途制限		第一種低層住居専用地域	第二種低層住居専用地域	第一種中高層住居専用地域	第二種中高層住居専用地域	第一種住居地域	第二種住居地域	準住居地域	近隣商業地域	商業地域	準工業地域	工業地域	工業専用地域	備考
○	建てられる用途													
×	建てられない用途													
1、2、3、4、▲は面積、階数等の制限あり														
住宅、共同住宅、寄宿舎、下宿		○	○	○	○	○	○	○	○	○	○	○	×	
兼用住宅で、非住宅部分の床面積が、50m²以下かつ建築物の延べ面積の2分の1未満のもの		○	○	○	○	○	○	○	○	○	○	○	×	非住宅部分の用途制限あり
店舗等の床面積≦150m²		×	1	2	3	○	○	○	○	○	○	○	4	1：日用品販売店舗、喫茶店、理髪

店舗等	150㎡＜店舗等の床面積≦500㎡	×	×	2	3	○	○	○	○	○	4	店及び建具屋等のサービス業用店舗のみ。2階以下 2：1に加えて、物品販売店舗、飲食店、損保代理店・銀行の支店・宅地建物取引業等のサービス業用店舗のみ。2階以下 3：2階以下 4：物品販売店舗、飲食店を除く
	500㎡＜店舗等の床面積≦1,500㎡	×	×	3	○	○	○	○	○	4		
	1,500㎡＜店舗等の床面積≦3,000㎡	×	×	×	○	○	○	○	○	4		
	3,000㎡＜店舗等の床面積≦10,000㎡	×	×	×	×	○	○	○	○	4		
	10,000㎡＜店舗等の床面積	×	×	×	×	×	○	○	×	4		
事務所等	事務所等の床面積㎡≦150㎡	×	×	×	▲	○	○	○	○	○	○	▲：2階以下
	150㎡＜事務所等の床面積≦500㎡	×	×	×	▲	○	○	○	○	○	○	
	500㎡＜事務所等の床面積≦1,500㎡	×	×	×	▲	○	○	○	○	○	○	
	1,500㎡＜事務所等の床面積≦3,000㎡	×	×	×	×	○	○	○	○	○	○	
	3,000㎡＜事務所等の床面積	×	×	×	×	×	○	○	○	○	○	
ホテル、旅館		×	×	×	×	▲	○	○	○	×	×	▲：3,000㎡以下
遊技施設・風俗施設	ボーリング場、スケート場、水泳場、ゴルフ練習場、バッティング練習場等	×	×	×	×	▲	○	○	○	○	×	▲：3,000㎡以下
	カラオケボックス等	×	×	×	×	×	▲	▲	○	○	▲	▲	▲：10,000㎡以下
	麻雀屋、ぱちんこ屋、射的場、馬券・車券発売所等	×	×	×	×	×	▲	▲	○	○	▲	×	▲：10,000㎡以下
	劇場、映画館、演芸場、観覧場	×	×	×	×	×	▲	○	○	×	×	▲：客席200㎡未満
	キャバレー、ダンスホール等、個室付浴場等	×	×	×	×	×	×	○	▲	×	×	▲：個室付浴場等を除く
大規模集客施設（劇場、映画館、演芸場、観覧場、店												

	舗、飲食店、展示場、遊技場等で床面積の合計が、10,000㎡超えるもの）	×	×	×	×	×	×	×	○	○	○	×	×	
公共施設・病院・学校等	幼稚園、小学校、中学校、高等学校	○	○	○	○	○	○	○	○	○	×	×	
	大学、高等専門学校、専修学校等	×	×	○	○	○	○	○	○	○	×	×	
	図書館等	○	○	○	○	○	○	○	○	○	×		
	巡査派出所、公衆電話所等	○	○	○	○	○	○	○	○	○	○	○	
	神社、寺院、教会等	○	○	○	○	○	○	○	○	○	○	○	
	病院	×	×	○	○	○	○	○	○	○	×	×	
	公衆浴場、診療所、保育所等	○	○	○	○	○	○	○	○	○	○	○	
	老人ホーム、身体障害者福祉ホーム等	○	○	○	○	○	○	○	○	○	○	×	
	老人福祉センター、児童厚生施設等	▲	▲	○	○	○	○	○	○	○	○	○	▲：600㎡以下
	自動車教習所	×	×	×	▲	○	○	○	○	○	○	○	▲：3,000㎡以下
工場・倉庫等	単独車庫（附属車庫を除く）	×	×	▲	▲	▲	○	○	○	○	○	○	▲：300㎡以下、2階以下
	建築物附属自動車車庫 1、2、3については、建築物の延べ面積の1/2以下かつ備考欄に記載の制限	1	1	2	2	3	3	○	○	○	○	○	1：600㎡以下、1階以下 2：3,000㎡以下、2階以下 3：2階以下
		（*）一団地の敷地内について別に制限あり											
	倉庫業倉庫	×	×	×	×	×	×	○	○	○	○	○	
	畜舎（15㎡を超えるもの）	×	×	×	×	▲	○	○	○	○	○	○	▲：3,000㎡以下
	パン屋、米屋、豆腐屋、菓子屋、洋服店、畳屋、建具店、自転車店等で作業場の床面積が50㎡以下	×	▲	▲	▲	○	○	○	○	○	○	○	原動機の制限あり ▲：2階以下

第3章 土地利用の計画 3・2・建築物の用途、形態を制限する土地利用制度

危険性や環境を悪化させるおそれが非常に少ない工場		×	×	×	1	1	1	2	2	○	○	○	原動機・作業内容の制限あり 作業場の床面積 1：50㎡以下 2：150㎡以下
危険性や環境を悪化させるおそれが少ない工場		×	×	×	×	×	×	2	2	○	○	○	
危険性や環境を悪化させるおそれがやや多い工場		×	×	×	×	×	×	×	○	○	○	
危険性が大きいか又は著しく環境を悪化させるおそれがある工場		×	×	×	×	×	×	×	×	○	○	
自動車修理工場		×	×	×	1	1	2	3	3	○	○	○	作業場の床面積 1：50㎡以下 2：150㎡以下 3：300㎡以下 原動機の制限あり
火薬、石油類、ガスなどの危険物の貯蔵・処理の量	量が非常に少ない施設	×	×	×	1	2	○	○	○	○	○	○	1：1,500㎡以下、2階以下 2：3,000㎡以下
	量が少ない施設	×	×	×	×	×	×	×	○	○	○	○	
	量がやや多い施設	×	×	×	×	×	×	×	×	○	○	
	量が多い施設	×	×	×	×	×	×	×	×	○	○	
卸売市場、火葬場、と畜場、汚物処理場、ごみ焼却場等		都市計画区域内においては都市計画決定が必要										

(国土交通省資料より)

(iii) 容積率

用途地域の種類に応じて指定できる容積率は、下表のとおり建築基準法第52条に規定されています。容積率とは、建築物の延べ面積の敷地面積に対する割合（延べ面積÷敷地面積）をいいます。指定容積率とは都市計画で定める容積率をいいます。基準容積率とは個別敷地の容積率で、指定容積率と前面道路の

幅員による容積率のうち小さい方をいいます。実際の敷地に適用される容積率は基準容積率になります。

表　容積率

単位：％

用途地域	指定容積率	基準容積率（道路幅員（Ｗｍ）が12ｍ未満の場合）
一種・二種低層	50、60、80、100、150、200のうち、都市計画で定めるもの	左の割合以下で、かつ、W×40以下
一種・二種中高層 一種・二種住居 準住居	100、150、200、300、400、500のうち、都市計画で定めるもの	左の割合以下で、かつ、W×40以下 特定行政庁が指定した区域では、W×60以下
近隣商業、準工業	100、150、200、300、400、500のうち、都市計画で定めるもの	左の割合以下で、かつ、W×60以下 特定行政庁が指定した区域では、W×40以下又はW×80以下
商業	200、300、400、500、600、700、800、900、1,000、1,100、1,200、1,300のうち都市計画で定めるもの	
工業、工専	100、150、200、300、400のうち、都市計画で定めるもの	
用途地域無指定	50、80、100、200、300、400のうち、特定行政庁が都道府県都市計画審議会の議を経て定めるもの	

（国土交通省資料より）

なお、指定容積率及び基準容積率が適用されず、都市計画や特定行政庁の認定などによって容積率の上限が決まる場合があります。以下の地域地区等です。

特例容積率適用地区、高層住居誘導地区、高度利用地区、特定街区、総合設計、都市再生特別地区、地区計画、防災街区整備地区計画、沿道地区計画、一団地の住宅施設

(ⅳ)　建ぺい率

用途地域の種類に応じて指定できる建ぺい率は、下表のとおり建築基準法第53条に規定されています。建ぺい率とは、建築物の建築面積の敷地面積に対する割合（建築面積÷敷地面積）をいいます。建ぺい率の上限は、都市計画で定める建ぺい率に防火地域・角地の条件による緩和が加わります。

表　建ぺい率

単位：％

用途地域	A．都市計画	条件による緩和		
		B．防火地域内の耐火建築物	C．特定行政庁指定の角地等	B＋C
一種・二種低層、一種・二種中高層、工専	30、40、50、60のうち、都市計画で定めるもの	A＋10	A＋10	A＋20
一種・二種住居、準住居、準工	50、60、80のうち、都市計画で定めるもの	A＋10　（*）	A＋10	A＋20
近隣商業	60、80のうち、都市計画で定めるもの	A＋10　（*）	A＋10	A＋20
商業	80	100	90	100
工業	50、60のうち、都市計画で定めるもの	A＋10	A＋10	A＋20
用途地域無指定	30、40、50、60、70のうち、特定行政庁が都道府県都市計画審議会の議を経て定めるもの	A＋10	A＋10	A＋20

（*）Aが80の場合100　　　　　　　　　　　　　　　（国土交通省資料より）

　(v)　敷地面積の最低限度（建築基準法第53条の２）

　用途地域内では、市街地の環境を確保するため必要な場合に限り、敷地面積の最低限度（200㎡以下）を都市計画で定めることができます。

　(vi)　外壁の後退距離（建築基準法第54条）

　第一種・第二種低層住居専用地域では、低層住居に係る良好な住居の環境を保護するために必要な場合に限り、外壁の後退距離（1.5m又は１m）を都市計画で定めることができます。

　(vii)　高さ制限

　市街地における環境保全や形態整備のために、用途地域に関連して各種の高さ制限が以下のとおり定められます。

　　①　第一種・第二種低層住居専用地域の高さの限度（建築基準法第55条）

　　　第一種・第二種低層住居専用地域内の建築物については、低層住宅地の環境を守るため、建築物の高さは10m又は12mのうち都市計画で定めた高さ以下となります。

　　　この高さ制限を、絶対高さ制限と呼ぶことが定着しています。

　　②　道路高さ制限（建築基準法第56条第１項）

建築物の採光、通風、道路の開放性などを確保するため、道路からの距離による建築物の高さ制限がかかります。

　建築物の高さは、敷地の前面道路の反対側の境界線から敷地内に向かって一定の勾配で引いた斜線の内側に制限されます。一定の勾配とは、住居系用途地域内では1.25／1、商業系・工業系用途地域内では1.5／1、用途地域無指定区域内では1.25／1又は1.5／1のいずれかを、特定行政庁が都道府県都市計画審議会の議を経て定める数値となります。適用距離は、道路の反対側の境界線から基準容積率に応じて定められた一定距離（20〜50m）以下となります。なお、道路境界線から後退して建築する場合は、その後退距離だけ前面道路の反対側の境界線が道路の反対側に移動したものとして道路高さ制限を適用します。以上が原則ですが、各種の緩和規定があります。

図　道路高さ制限

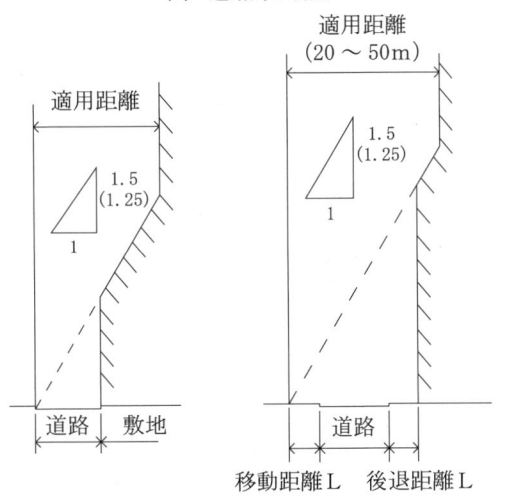

③　隣地高さ制限（建築基準法第56条第2項）
　隣地境界付近の採光、通風対策として、隣地境界線からの距離に応じて、以下の式のとおり建築物の高さが制限されます。
・住居系地域の場合
　　建築物の各部分の高さ≦20＋1.25×（隣地境界線までの距離）
・商業系、工業系地域の場合
　　建築物の各部分の高さ≦31＋2.5×（隣地境界線までの距離）

・用途地域無指定区域の場合
　特定行政庁が都道府県都市計画審議会の議を経て上の制限のいずれかを定めます。

なお、商業系、工業系地域で高さが31mを超える部分の外壁が隣地境界線から後退している場合は、その距離だけ隣地境界線が隣地側にあるとみなして隣地高さ制限を適用します。住居系地域の20mを超える部分の外壁についても同様です。以上が原則ですが、各種の緩和規定があります。

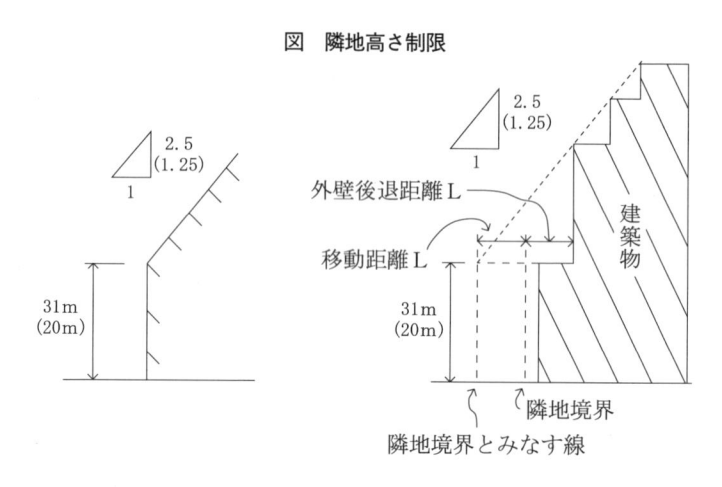

図　隣地高さ制限

④　北側高さ制限（建築基準法第56条第3項）
　第一種・第二種低層住居専用地域、第一種・第二種中高層住居専用地域内では、日照を確保するため、以下の式のとおり北側の隣地境界線又は北側の道路の反対側の境界線までの北へ測った距離を基準にした高さの制限があります。以上が原則ですが、各種の緩和規定があります。

・低層住居専用地域の場合
　建築物の各部分の高さ≦5＋1.25×（北側隣地境界線までの距離）
・中高層住居専用地域の場合
　建築物の各部分の高さ≦10＋1.25×（北側隣地境界線までの距離）

図　北側高さ制限

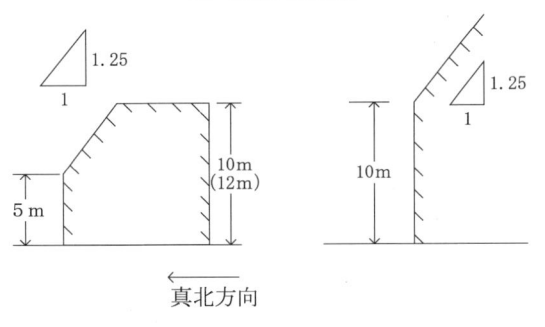

一種・二種低層住専　　　一種・二種中高層住専

（高さ制限の緩和）

　高さ制限の緩和規定が、平成14年に建築基準法第56条第7項として設けられました。道路高さ制限、隣地高さ制限、北側高さ制限について、それぞれの制限により確保される採光、通風等と同程度以上の採光、通風等が確保される建築物については、各制限規定は、適用されないこととなりました。仕様規定から性能規定への変更の一環で、計算方法は、天空率という指標を用います。スリムな建築物の場合、従来の高さ制限を超える高さが可能になるケースがあります。

　なお、道路高さ制限、隣地高さ制限、北側高さ制限を総称して、斜線制限と呼ぶことが定着しています。

(ⅷ)　日影規制（建築基準法第56条の2）

　商業地域、工業地域、工業専用地域以外の場所では、地方公共団体の条例により、建築物による日影時間を規制することができます。この結果、建築物の高さなど形態が制限されます。

- 対象区域：一種・二種低層住専、一種・二種中高層住専、一種・二種住居、準住居、近隣商業、準工業、用途地域無指定区域のうち、地方公共団体の条例で指定する区域
- 規制建築物：［低層住専の区域］軒高が7m以上又は地上階数が3以上の建築物
　［その他の区域］高さが10m以上の建築物
- 日影測定：冬至日の真太陽時による午前8時から午後4時（北海道では午前9時から午後3時）
- 日影時間の規制範囲：敷地境界線からの水平距離が5mを超える範囲と10mを超える範囲における日影時間を規制

- 日影の測定面：低層住専では平均地盤面から1.5mの高さ（1階の窓の位置に相当）、その他の地域では平均地盤面から4m又は6.5mの高さ（2階又は3階の窓の位置に相当）の水平面
- 規制する日影時間：建築基準法が定める範囲で、地方公共団体の条例で定める時間

具体的には下表の(い)の区域内にある(ろ)の建築物は、(は)の高さの水平面において、(に)の時間以上の日影を生じさせてはなりません。

表　日影時間規制

(い)	(ろ)	(は)	(に)		
対象区域（下記の全部又は一部を条例で指定する区域）	制限を受ける建築物	平均地盤面からの高さ		敷地境界線からの水平距離	
				5mを超え10m以内の範囲における日影時間	10mを超える範囲における日影時間
一種低層住専、二種低層住専	軒の高さ＞7m又は地上階≧3	1.5m	(一)(＊3)	3時間(2)	2時間(1.5)
			(二)(＊3)	4時間(3)	2.5時間(2)
			(三)(＊3)	5時間(4)	3時間(2.5)
一種中高層住専、二種中高層住専	高さ＞10m	4m又は6.5m(＊2)	(一)(＊3)	3時間(2)	2時間(1.5)
			(二)(＊3)	4時間(3)	2.5時間(2)
			(三)(＊3)	5時間(4)	3時間(2.5)
一種住居、二種住居、準住居、近隣商業、準工業	高さ＞10m	4m又は6.5m(＊2)	(一)(＊3)	4時間(3)	2.5時間(2)
			(二)(＊3)	5時間(4)	3時間(2.5)
用途地域の指定のない区域	イ(＊1)	軒の高さ＞7m又は地上階≧3	1.5m	(一)(＊3)	3時間(2)	2時間(1.5)
			(二)(＊3)	4時間(3)	2.5時間(2)
			(三)(＊3)	5時間(4)	3時間(2.5)
	ロ(＊1)	高さ＞10m	4m	(一)(＊3)	3時間(2)	2時間(1.5)
			(二)(＊3)	4時間(3)	2.5時間(2)
			(三)(＊3)	5時間(4)	3時間(2.5)

(国土交通省資料より)

(に)の（　）内の数字は北海道に適用します。
(＊1)　イ又はロは、条例で決めます。
(＊2)　4m又は6.5mは、条例で決めます。
(＊3)　(一)(二)又は(三)は、条例で決めます。

(ix) 用途地域の建築制限総括表

　用途地域の建築制限をまとめると、下表の左側の10項目について制限するものです。用途地域ごとに、制限内容が異なります。

表　用途地域の建築制限総括表

		①一低	②二低	③一中	④二中	⑤一住	⑥二住	⑦準住	⑧近商	⑨商業	⑩準工	⑪工業	⑫工専
建築物の用途		用途地域ごとに定められています											
容積率(%)		50、60、80、100、150、200			100、150、200、300、400、500						200〜1,300(*)	⑤と同様	100、150、200、300、400	
建ぺい率(%)		30、40、50、60				50、60、80			60、80	80		50、60	30、40、50、60
最低敷地面積		200m²以下											
外壁後退距離		1m、1.5m		定められません									
絶対高さ制限		10m、12m		定められません									
道路高さ制限		1.25／1								1.5／1			
隣地高さ制限		なし		20m+1.25／1					31m+2.5／1				
北側高さ制限		5m+1.25／1		10m+1.25／1		なし								
日影規制	対象建築物		軒高>7m又は地上階≧3		高さ>10m				なし	⑤と同様	なし	
	測定高さ		1.5m		4m又は6.5m							
	5〜10m内、時間		3、4、5		4、5							
	10m超、時間		2、2.5、3		2.5、3							

（*）商業地域の容積率は、200、300、400、500、600、700、800、900、1,000、1,100、1,200、1,300

（国土交通省資料より）

(x) 用途地域の決定状況

　用途地域の決定状況は下表のとおりです。国土面積の4.9％、都市計画区域面積の18.5％が指定されています。内容を面積比で見ると、住居系が68％、商業系が8％、工業系が24％になっています。

表　用途地域の決定状況

用途地域の種類	都市数	面積
		ha
第一種低層住居専用地域	1,032	343,396.1
第二種低層住居専用地域	455	15,472.8
第一種中高層住居専用地域	1,130	257,952.2
第二種中高層住居専用地域	813	99,661.4
第一種住居地域	1,254	419,193.5
第二種住居地域	988	86,233.9
準住居地域	665	27,327.1
近隣商業地域	1,188	73,939.4
商業地域	985	73,622.3
準工業地域	1,162	200,995.7
工業地域	898	102,467.4
工業専用地域	626	147,115.4
合計		1,847,377.2

平成20年3月31日現在　　　（国土交通省資料より）

(2)　特別用途地区（都市計画法第9条第13項）

　特別用途地区は、用途地域内において、地区特性にふさわしい土地利用の増進、環境の保護等の特別の目的のために定める地区です。

　特別用途地区内においては、建築物の用途の制限又は緩和については、地方公共団体の条例で定めます。（建築基準法第49条）

　特別用途地区については、以前は次の11種の区分があったので、現在もその都市計画決定が多く残っています。中高層階住居専用地区、商業専用地区、特別工業地区、文教地区、小売店舗地区、事務所地区、厚生地区、娯楽・レクリエーション地区、観光地区、特別業務地区、研究開発地区の11地区です。

　「中心市街地の活性化に関する法律」に基づき「中心市街地の活性化を図るための基本的な方針」が閣議決定され、以下の趣旨で特別用途地区の活用が規定されました。このため、近年、準工業地域に「大規模集客施設制限地区」の指定が増加しています。

　地方都市において、準工業地域に大規模集客施設（劇場、映画館、演芸場、観覧場、店舗、飲食店、展示場、遊技場、勝馬投票券発売所、場外車券売場等の建築物で床面積の合計が10,000㎡を超えるものをいいます。）が立地した場合、中心市街地の活性化への影響が大きいと考えられます。このことから、三大都市圏（既成市街地、近郊整備地帯等）及び政令指定都市以外の地方都市においては、特別用途地区等の活用により準工業地域における大規模集客施設の

立地の制限が行われる場合について、基本計画の認定を行います。また、三大都市圏及び政令指定都市においても、必要に応じて、特別用途地区等を活用するものとします。

(3) **特定用途制限地域（都市計画法第9条第14項）**

　特定用途制限地域は、平成12年（2000年）に準都市計画区域が創設されたときに、同時に創設された制度です。

　特定用途制限地域は、準都市計画区域と、非線引き都市計画区域の用途地域外で定めることができます。良好な環境の形成保持のため、合理的な土地利用が行われるよう、制限すべき特定の建築物の用途の概要を定める制度です。具体的な建築物の用途制限は、建築基準法第49条の2に基づく地方公共団体の条例で定められます。

　制限すべき特定の建築物の用途の概要としては、次の例が考えられます。
- 危険物の製造工場
- 風俗営業施設
- 一定規模以上の集客施設（床面積〇〇㎡以上の店舗、映画館等）

(4) **特例容積率適用地区（都市計画法第9条第15項、建築基準法第57条の2）**

　特例容積率適用地区は敷地間で未利用の容積を移転するものです。用途地域（第一種・第二種低層住専、工業専用を除きます。）内の公共施設が整備された区域で、指定された容積率の限度から見て未利用となっている容積率の活用を図ります。

　この地区内では、2以上の敷地の容積率を土地所有者等が特定行政庁に申請します。特定行政庁は、これらの敷地に係る容積の限度の和が、用途地域の指定容積率による容積の限度を超えない範囲内で、それぞれの敷地の容積率の限度を指定します。

　敷地間の未利用の容積移転は、地区計画でも可能ですが、地区計画は地区の状況に応じて、目指すべき市街地像を定め、事前に、かつ、詳細に容積の配分を行うものです。これに対して、特例容積率適用地区は、都市計画においては位置及び区域等のみを定めるにとどめ、具体的な容積移転については土地所有者等の申請に基づく特定行政庁の指定にゆだねています。土地所有者等の発意と合意を尊重し、区域内の容積の移転を簡易かつ迅速に行える特徴があります。

　適用例は「大手町・丸の内・有楽町地区」の1地区です。JR東日本は、この制度を活用して、東京駅舎の使われていない容積率を周辺の複数のビルに移転売却し、赤レンガ駅舎の復元保全の経費に充当することとしています。

(5) **高層住居誘導地区（都市計画法第9条第16項、建築基準法第52条第1項第5号）**

高層住居誘導地区は、住宅と非住宅の混在を前提とした用途地域において、高層住宅の建設を誘導するものです。これにより、住宅と非住宅の適正な用途配分を回復し、都心における居住機能の確保、職住近接の都市構造の実現、中心市街地における住宅供給を図ることができます。

高層住居誘導地区は、第一種・第二種住居地域、準住居地域、近隣商業地域、準工業地域内で、建築物の容積率が40／10又は50／10と定められた区域で適用できます。住宅用途の床面積が延べ面積の2／3以上であるものについては、容積率を1.5倍以下の一定の数値に緩和します。

(6) **高度地区（都市計画法第9条第17項）**

高度地区は、用途地域内において市街地の環境維持又は土地利用の増進を図るため、建築物の高さの最高限度又は最低限度を定める地区です。日照を確保するために最高限度規制を定めた地区が多くあります。

(7) **高度利用地区（都市計画法第9条第18項、都市再開発法第3条、第3条の2）**

高度利用地区は、土地の高度利用と都市機能の更新を図る再開発プロジェクトの実現を目指すものです。建築物の容積率の最高限度及び最低限度、建築物の建ぺい率の最高限度、建築物の建築面積の最低限度並びに壁面の位置の制限を定める必要があります。容積率の最高限度は、敷地内に確保できる有効な空地の程度、建築物の用途、機能、統合される敷地規模等に応じて割り増しがなされます。

なお、高度利用地区内では、市街地再開発事業の施行地区を定めることができるため、高度利用地区と市街地再開発事業の都市計画決定をセットで行う例が多くあります。

(8) **総合設計（建築基準法第59条の2）**

この制度は、都市計画法にはなく建築基準法にのみ根拠を持つ制度です。

敷地面積が一定規模以上あり、敷地内に広い空地を有する建築物で、特定行政庁が市街地環境の改善に資するとして許可したものについては、建築物の容積率、各部分の高さは、用途地域で定める制限を超えることができます。

この制度を適用できる敷地面積の規模は用途地域により異なり、原則として1,000～3,000㎡以上です。敷地内の空地は、定められた建ぺい率から1.5／10～2／10を減じた建ぺい率に対応する空地が必要です。

(9) **特定街区（都市計画法第9条第19項、建築基準法第60条）**

特定街区は、街区内に有効な空地を確保するとともに健全な建築物を建築し、適正な街区を形成するための制度です。街区の整備又は造成が行われる場

合、その街区内における建築物の容積率並びに建築物の高さの最高限度、壁面の位置の制限を定めます。容積率並びに高さの最高限度は、用途地域により定められた数値を超えることができます。

⑽ **都市再生特別地区（都市再生特別措置法、都市計画法第8条第1項第4号の2）**

都市再生特別地区は、平成14年（2002年）に制定された都市再生特別措置法に規定する都市再生事業を促進するための制度です。

都市再生特別措置法は近年における急速な情報化、国際化、少子高齢化等の変化に対応した都市機能の高度化及び都市の居住環境の向上を図る目的で、次のような措置を講じるために制定されました。

ア．都市再生本部の設置

都市再生に関する施策を迅速・重点的に推進するため、都市再生本部（本部長は総理大臣、すべての国務大臣がメンバー）を内閣に設置し、都市再生基本方針を作成し、都市再生の実施を推進します。

都市再生基本方針については、「第11章　都市再生」を参照してください。

イ．都市再生緊急整備地域

都市再生本部は、関係地方公共団体の意見を聴いた上で、都市再生緊急整備地域を政令で指定します。都市再生本部は、都市再生緊急整備地域ごとに地域整備方針を決定します。

ウ．都市再生事業の認定

都市再生緊急整備地域内において都市再生事業を施行しようとする民間事業者は、都市再生事業に関する計画を作成し、国土交通大臣に対し認定を申請することができます。国土交通大臣は当該計画が適合すると認めたときは、計画を認定します。

民間都市開発推進機構は、認定された都市再生事業に対し支援（一定の公共施設の整備費の無利子貸付け、認定事業者への出資、認定事業に要する資金借入れに係る債務保証等）を行います。

エ．都市再生特別地区

都市再生緊急整備地域のうち、都市再生に貢献し、土地の高度利用を図るため特別の用途、容積、高さ、配列等の建築を誘導する必要がある区域については、都市計画に都市再生特別地区を定めます。

都市再生特別地区には、建築物の誘導すべき用途、建築物の容積率の最高限度・最低限度、建ぺい率の最高限度、建築物の高さの最高限度、壁面の位置制限を定めます。

オ．都市計画の提案制度

都市再生事業を行おうとする者は、都市計画決定権者に対し、都市再生事業

を行うために必要な都市再生特別地区等の都市計画の決定を提案することができます。

カ．都市再生整備計画に関する交付金

市町村は、都市再生基本方針に基づき、都道府県に協議して、公共公益施設の整備等に関する計画である都市再生整備計画を作成することができます。国は、市町村に対し、国土交通大臣に提出された都市再生整備計画に基づく事業の経費として、個別の補助金によらず一括してまちづくり交付金を交付します。

（都市再生特別措置法の改正）

平成23年4月に、特定都市再生緊急整備地域（以下「特定地域」といいます。）の制度創設、道路占用許可基準の特例制度の創設等の都市再生特別措置法の改正が行われました。

都市再生緊急整備地域のうち、緊急かつ重点的に市街地の整備を推進することが都市の国際競争力の強化を図る上で特に有効な地域を、特定地域として政令で定めます。特定地域内の都市再生特別地区において、都市計画施設である道路の区域の上空等について、建築物を建築できることとしました。

具体的には、都市再生特別地区に関する都市計画に、都市計画施設である道路の区域のうちに、建築物等の敷地として併せて利用すべき区域（以下「重複利用区域」といいます。）を定めることができます。この場合、重複利用区域内における建築物等の建築又は建設の限界については、上空又は地下における上下の範囲を定めることとなります。重複利用区域は建築物等の敷地となるので、当該区域の容積率が利用可能となります。

（地域地区等と規制緩和）

地域地区等のうち、特例容積率適用地区から都市再生特別地区までの6制度について用途地域に係る制限の緩和項目を整理すると下表のとおりとなります。

表　地域地区等と規制緩和

地域地区等	規制緩和可能項目
特例容積率適用地区	容積率制限
高層住居誘導地区	容積率制限、斜線制限
高度利用地区	容積率制限、斜線制限
総合設計	容積率制限、絶対高さ制限、斜線制限
特定街区	容積率制限、建ぺい率制限、絶対高さ制限、斜線制限、日影規制、高度地区制限
都市再生特別地区	用途制限、容積率制限、斜線制限、日影規制、高度地区制限

（国土交通省資料より）

⑾　建築協定（建築基準法第69条）
　建築協定は、住宅地の環境又は商店街の利便を維持増進する等、建築物の利用を増進し、土地の環境を改善するための制度です。土地の所有者及び借地権を有する者が、一定の区域内における建築物の敷地、位置、構造、用途、形態、意匠又は建築設備に関する基準について締結します。
　市町村は、建築協定が締結できることを、条例で定めることができます。

3.3　地区計画等

⑴　地区計画（都市計画法第12条の5）
（ｉ）地区計画一般
　地区計画は、主として当該地区内の住民等にとって良好な市街地環境の形成又は維持を図るため、地区の特性に応じたきめ細かなまちづくりを行うための制度です。一体的な整備、開発及び保全を図るべき地区について、以下の項目を定め、開発行為、建築行為を規制誘導します。
　・地区計画の目標
　・当該区域の整備、開発及び保全に関する方針
　・主として街区内の居住者等の利用に供される道路、公園等の施設（以下「地区施設」といいます。）及び建築物の整備並びに土地の利用に関する計画（以下「地区整備計画」といいます。）
　地区計画を建築規制として適用するためには、地区整備計画を定め、さらにそのうち建築規制にふさわしい内容を、建築基準法第68条の2に基づく市町村の条例として定める必要があります。
　地区計画を定める区域は次の土地の区域とされています。
ア．用途地域が定められている土地の区域
イ．用途地域が定められていない土地の区域のうち次のいずれかに該当するもの
　・住宅市街地の開発その他建築物若しくはその敷地の整備に関する事業が行われる土地の区域又は行われた土地の区域
　・建築物の建築又はその敷地の造成が無秩序に行われ、又は行われると見込まれる一定の土地の区域で、公共施設の整備の状況、土地利用の動向等から見て不良な街区の環境が形成されるおそれがあるもの
　・健全な住宅市街地における良好な居住環境その他優れた街区の環境が形成されている土地の区域
　これだけでは抽象的ですから、具体的な制度活用例を挙げます。
ア．都市基盤整備が予定されている地区での事例
　・土地区画整理事業、市街地再開発事業等の面的事業が予定されている地域で、住民の合意形成を図り、又は事業実施の指針とするため、当該区域の

整備、開発及び保全の方針を定め、整備の目標を明確化するもの
- 幹線街路の整備が行われる地域について、沿道地域の特性にふさわしい良好な街区の形成を誘導するため、地区施設、建築物の用途の制限等を定めるもの
- 避難路、公共空地等の公共施設の整備と不良住宅等の建て替えの事業が行われる密集市街地において、総合的な居住環境の整備改善が図られるよう、地区施設、壁面の位置の制限等を定めるもの

イ．**市街化が進行している地区での事例**
- 土地区画整理事業、市街地再開発事業等の面的事業が行われる土地の周辺区域において、地区施設を定め、事業区域とあわせて良好な市街地を形成するよう誘導するもの
- 土地区画整理事業等によって形成された大規模な宅地について、将来の敷地の区割りを想定して道路を定めるもの
- 市街化しつつある、あるいは市街化することが確実な土地の区域について、不良な街区の形成を防止するため、地区施設、敷地面積の最低限度等を定めるもの

ウ．**密集した市街地での事例**
- 居住環境が不良な住宅市街地で、建築物の建て替えが相当程度見込まれる地域において、居住環境を改善し、良好な住宅市街地を形成するよう誘導するため、地区施設及び敷地面積の最低限度等を定めるもの
- 不良な木造共同住宅が密集している既成市街地内の土地の区域で、建築物の建て替えが相当程度見込まれるものについて、共同建て替え等による土地の高度利用と居住環境の向上を図るため、地区施設、敷地面積の最低限度、壁面の位置の制限等を定めるもの
- 商店街で建築物の建て替えが相当程度見込まれるものについて、共同建て替え等による土地の高度利用を促進し、機能的で魅力ある商店街を形成するため、建築物の用途の制限、容積率の最低限度、建築面積の最低限度、建築物の形態意匠の制限等を定めるもの
- 中小工場と、その就業者のための共同住宅が混在している地域で、職住近接を維持しながら工業の利便の増進と居住環境の向上を図るため、建築物の用途の制限等を定めるもの

エ．**良好な市街地での事例**
- 宅地開発事業、土地区画整理事業等によって基盤整備が行われた土地の区域、又はさらにその上に分譲住宅の建設が行われた土地の区域について、良好な環境を維持増進するため、建築物の用途の制限、敷地面積の最低規模、壁面の位置の制限、建築物の意匠の制限等を定めるもの

- 良好な住宅市街地が形成されている地域について、将来における建築物の建て替え、敷地の細分化等による環境の悪化を防止するため、建築物の用途の制限、建築物の形態意匠の制限等を定めるもの
- 地域の歴史、風土に根ざした特色のある街並みを形成している地区について、特色ある景観を保全するため、壁面の位置の制限、建築物の高さの最高限度、建築物の形態意匠の制限等を定めるもの
- 健全な住宅地において、コンクリートブロック塀の建設を抑制し、生け垣の設置を促進するため、垣又はさくの構造の制限を定めるもの
- 建築協定により良好な市街地環境が維持されていた地区において、建築協定の有効期間が終了するに当たり、引き続き良好な市街地環境の維持を図るもの

オ．**市街化調整区域での事例**
- 市街化調整区域において既存集落とその周辺で既に住宅が点在している地区において、居住者のための利便施設の建設を認めるためのもの
- 市街化調整区域内の住居系の計画開発地において、ゆとりある居住環境の形成、公共公益施設の整備を図るもの
- 市街化調整区域において幹線道路沿道の流通業務、レクリエーション等を主体とする開発が行われる計画開発地で、公共公益施設の整備、周辺環境と調和する開発を誘導するもの
- 市街化調整区域の既存住宅団地において、ゆとりある良好な都市環境の維持増進を図るもの

地区計画の実績は、下表のとおり増加傾向にあります。

表　地区計画の決定地区数

年度末	決定地区数
昭和60	156
平成2	693
7	1,958
12	3,273
17	4,742
18	5,003
19	6,263

（国土交通省資料より）

（地区計画には一定の開発計画を促進するための「再開発促進区」と「開発整備促進区」を都市計画に定めることができます。）

(ⅱ) 再開発促進区（都市計画法第12条の5第3項）

再開発促進区は、まとまった低・未利用地等において土地利用の転換を円滑

に推進するため、都市基盤施設と建築物等との一体的な整備に関する計画を定めます。事業の熟度に応じて市街地の整備を段階的に進めることにより、良好な資産の形成に資するプロジェクトや良好な中高層の住宅市街地の開発整備を誘導し、土地の高度利用や都市機能の増進を図ります。

再開発促進区内で地区整備計画が定められている場合、建築基準法第68条の3の規定により、特定行政庁が認めるものについては容積率の最高限度等が緩和されます。

再開発促進区の指定は次のような地区が想定されます。

- 工場、倉庫、鉄道操車場、港湾施設の跡地等の相当規模の低・未利用地について、必要な公共施設の整備を行いつつ一体的に再開発することにより土地の高度利用を図るもの
- 埋立地等において必要な公共施設の整備を行いつつ一体的に建築物を整備し、土地の高度利用を図るもの
- 住居専用地域内の農地、低・未利用地等における住宅市街地への一体的な土地利用転換を図るもの
- 老朽化した住宅団地の建て替えを行うもの
- 木造住宅が密集している市街地の再開発を行うもの

(iii) 開発整備促進区（都市計画法第12条の5第4項）

第二種住居地域、準住居地域、工業地域及び非線引き都市計画区域内の用途地域の指定のない地域では、床面積が10,000㎡を超える大規模な商業・集客施設（以下「特定大規模建築物」といいます。）の立地は許されていません。開発整備促進区は、このような地域において、公共施設の整備と建築物に関する制限を定めることにより、特定大規模建築物の建設を認める制度です。

特定大規模建築物の立地が見込まれる土地の周辺において、公共施設が十分に整備されている場合には、用途地域の変更による対応も考えられます。しかし、十分な公共施設が整っていない地域では、特定大規模建築物の周辺で地区施設整備に関する規制誘導を定める地区計画による方法が適切な場合があります。

開発整備促進区を定める地区計画は、具体的に次のような場合に指定することが考えられます。

- 工業地域において、工場跡地の遊休地を活用し、店舗、飲食店、映画館等を複合した大規模なショッピングセンターを建設するプロジェクトについて、自動車交通を円滑に処理するための周辺道路の改良等周辺との一体的な開発整備を誘導するもの
- 第二種住居地域において、住宅地のなかに立地している既存の商業施設を建て替え、機能の更新増強をする建築計画について、居住環境との調和を図るもの

- 準住居地域において、幹線道路の沿道での競技場等の建設計画について、自動車交通の集中による道路渋滞や交通事故の防止を図り、近隣住民のための公園・遊歩道の整備を図るもの
- 用途地域の指定のない地域において、幹線道路沿道での大規模店舗の建設計画について、敷地周囲の緑地帯の整備と建築物の形態意匠の制限により景観の保持を図るもの

(特定大規模建築物整備のための地区整備計画)

特定大規模建築物整備のための地区整備計画（都市計画法第12条の12、建築基準法第68条の3第7項）は、適正な配置の特定大規模建築物を整備することが特に必要であるときに定めます。開発整備促進区における地区整備計画において、劇場、店舗、飲食店等の用途のうち誘導すべき用途及び当該用途に供する特定大規模建築物の敷地として利用すべき土地の区域を定めます。

（一定の目的を持って容積率等を特別に指定する次の地区整備計画の制度があります。）

(iv) 誘導容積型（都市計画法第12条の6、建築基準法第68条の4）

道路等の公共施設が未整備のために、土地の有効利用がなされていない地区が広く分布している地域で、公共施設整備を伴った土地の有効利用を誘導することを目的とします。

地区整備計画において、公共施設が未整備の地区には公共施設の整備の状況に応じた低い数値の暫定容積率を指定します。既に整備された地区、地区整備計画に適合したプロジェクトには高い数値の目標容積率を適用します（建築基準法第68条の4）。これにより優良プロジェクトの実現を支援しようとするものです。

この制度の適用例として次のものが考えられます。

- 老朽化した木造共同住宅が密集している地域等居住環境が不良な住宅市街地において、公共施設を整備しつつ、建築物の建て替え等を誘導し、居住環境の向上を図るもの
- 計画的に宅地化を図るべき市街化区域内農地がある地域や、新たに市街地として開発をすべき地域において、公共施設を整備し、良好な市街地の形成を図るもの
- 未整備な幹線道路の沿道において、幹線道路と地区の公共施設を整備し、土地の有効利用を図るもの

［事例］
大阪市・長柄堺線沿道地区地区計画

現道拡幅型の未整備都市計画道路である長柄堺線の整備促進と沿道の土地利用の高度化を目的としています。

従前の容積率300％を、将来道路整備が完了したときに適用が想定される高い容積率400％に変更します。あわせて地区計画を決定し、都市計画道路予定線までセットバックする建物には400％を適用し、セットバックしない建物には暫定容積率300％を適用します。都市計画道路完成時に既存不適格にならないよう、400％を適用するときには、都市計画道路の面積分は敷地面積から除外して容積を算定します。

(ⅴ)　容積適正配分型（都市計画法第12条の7、建築基準法第68条の5）
　地区整備計画区域内において、適正な配置及び規模の公共施設が整備された区域、指定容積率を上限まで活用する必要のない区域等の地区の特性に応じ、区域を区分して容積率を指定するものです。なお、地区整備計画全域で実現できる容積は、用途地域による容積率の上限により実現できる容積を超えることはできません。

　この制度の適用例として次のものが考えられます。
- 幹線道路に面する街区に高い容積率を定め、高度な土地利用を実現するとともに、当該街区の外周道路の整備等公共施設の整備を促進するもの
- 土地利用上一体性のある区域内において、指定容積率を超えて土地の高度利用を図るべき区域と、樹林地、オープンスペース等の保全、伝統的建造物の保存、良好な街並みの保全等のため低い容積率を適用すべき区域があるもの

(ⅵ)　高度利用型（都市計画法第12条の8、建築基準法第68条の5の3）
　第一種・第二種低層住専以外の用途地域内において、公共施設が整備された区域で土地の高度利用と都市機能の更新を目的とする建築型の再開発プロジェクトを行うための制度です。建築物の敷地の統合を促進し、小規模建築物の建築を抑制するとともに、敷地内に有効な空地を確保します。地区整備計画に、建築物の容積率の最高限度及び最低限度、建ぺい率の最高限度、建築面積の最低限度、壁面の位置の制限を定めます。容積率の最高限度は、指定容積率を基準にして、周辺の公共施設の整備状況、環境上の影響、規制内容の程度等に応じて、割増しをして定めます。

(ⅶ)　用途別容積型（都市計画法第12条の9、建築基準法第68条の5の4）
　合理的な土地利用を促進するため、住宅立地を誘導し、土地の高度利用を図る必要がある場合、住宅を含む建築物の容積率の最高限度を緩和するものです。対象区域は第一種・第二種住居地域、準住居地域、近隣商業地域、商業地域、準工業地域です。地区整備計画に建築物の容積率の最高限度、最低限度、敷地面積の最低限度、壁面の位置の制限を定め、市町村の条例で所要の制限を定める必要があります。全部又は一部を住宅の用途に供する建築物の容積率の最高限度は、用途地域で定めた容積率の1.5倍以内です。

この制度の適用例として次のものが考えられます。
- 都心部又はその周辺部において、住宅と商業・業務等の用途が併存している市街地で住宅や人口が著しく減少している地域が見られます。地域のコミュニティーの安定化、市街地環境の確保、公共公益施設の有効活用等の観点から見て、土地利用を商業・業務等の用途に特化させずに住宅の立地を誘導する必要があるもの
- 住宅、商業及び工業の用途が併存している地域で、建築物の建て替えにあわせて、用途の適正配分及び都市機能の維持増進などの観点から、住宅の立地誘導を図るもの
- 相当規模の宅地開発事業又は土地区画整理事業が行われた区域で、住宅の確保とあわせて土地の高度利用を図るもの
- 不良な木造共同住宅が密集している住宅市街地で、居住環境の向上とともに、良質な住宅を供給するため、土地の高度利用を図るもの

図　住宅用途の容積率算定方法

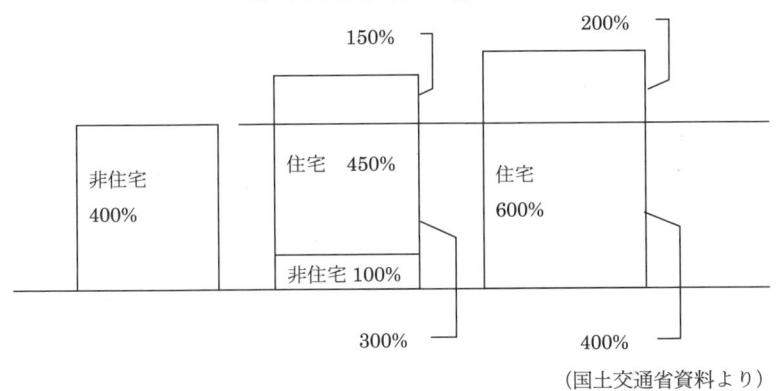

（国土交通省資料より）

算定式
$R \leq (N-U) \times 1.5$
　　R：住宅の用途に供する部分の容積率
　　N：建築物の用途がすべて非住宅である場合の容積率の最高限度
　　U：非住宅の用途に供する部分の容積率
上図の中央の場合の計算例
　　$R \leq (400-100) \times 1.5 = 450$

(ⅷ)　街並み誘導型（都市計画法第12条の10、建築基準法第68条の5の4）
　道路に面する壁面の位置の制限、壁面後退区域における工作物の設置の制限により、道路との一体的な空間を連続的に空地とし、実質的に適切な道路幅員を確保するものです。このため、インセンティブとして、前面道路幅員による

容積率の最高限度、建築物の高さの最高限度などの規制を緩和するものです。前面道路幅員による容積率制限の緩和を行うためには、容積率の最高限度及び最低限度、敷地面積の最低限度、壁面の位置の制限を地区整備計画に定める必要があります。
　この制度の適用例として次のものが考えられます。
・狭い道路の沿道に形成された商店街で、土地の有効利用を促進するとともに、道路を拡幅し機能的で魅力ある商店街の形成を図るもの
・木造共同住宅等が密集している住宅市街地で、道路整備による居住環境の向上と良質な共同住宅等の建て替えの促進を図るもの
・狭い道路で構成された住工混在の既成市街地において、地場産業等の工業の利便増進と居住環境の向上を図るもの
　街並み誘導型地区計画による建築物イメージと市街地イメージは下図のとおりです。

図　街並み誘導型による建築物イメージ

（国土交通省資料より）

図　街並み誘導型による市街地形成イメージ

・現行規制による市街地イメージ

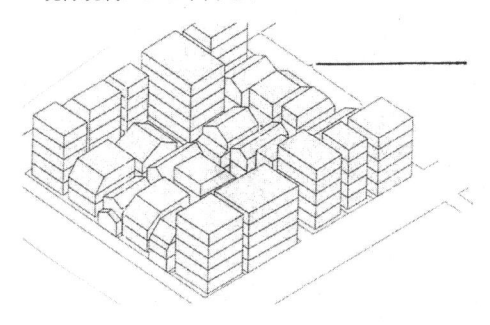

ガワ部分――広幅員道路に面しており、5階建てが建っています。

アンコ部分――4m道路に面し、斜線制限、前面道路幅員容積率制限（4m×0.4＝160％）により、2〜3階建てしか建たず、建て替えしにくい状況にあります。

ガワ、アンコとは、市街地の形状をまんじゅうに例えたものです。幹線街路に面した部分は中高層ビルが建設され、その内側の市街地は2〜3階建てが立ち並ぶ市街地形状を、ガワ、アンコと表現したものです。

・街並み誘導型による市街地イメージ

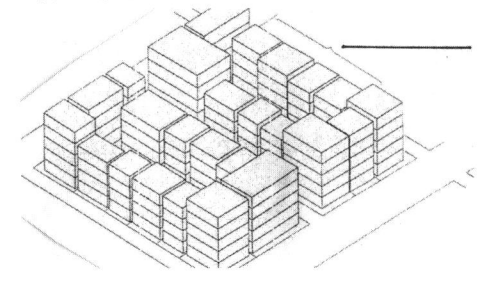

地区計画で、建物の壁面の位置や高さをそろえ街並みを整え、良好な環境を確保する場合に、斜線制限、前面道路幅員容積率制限を緩和します。これにより、この地区では4階建て（容積率約240％）が可能となり、建て替えを通じアンコ部分が解消されていきます。

出典　国土交通省

(2)　防災街区整備地区計画（都市計画法第12条の4第1項第2号、密集市街地整備法）

防災街区整備地区計画は、平成15年（2003年）に改正された「密集市街地における防災街区の促進に関する法律」（以下「密集市街地整備法」といいます。）に基づく制度です。

密集市街地整備法は、密集市街地において計画的な再開発等による防災街区の整備を促進することにより、密集市街地の防災に関する機能の確保等を図る目的で、次のような措置を講じることとしました。

防災街区とは、特定防災機能が確保され、土地の健全な利用が図られた街区をいいます。

密集市街地とは、老朽化した木造の建築物が密集し、かつ、十分な公共施設が整備されていないことから、特定防災機能が確保されていない市街地をいいます。

　特定防災機能とは、火事又は地震発生時に延焼防止上及び避難上必要な機能をいいます。

ア．防災街区整備方針

　市街化区域内においては、密集市街地内の各街区について防災街区としての整備を図るため、次の事項を明らかにした防災街区整備方針を定めます。

- 一体的かつ総合的に市街地の再開発を促進すべき地区（以下「防災再開発促進地区」といいます。）の整備計画
- 道路、公園等の防災公共施設の整備、及び、防災公共施設の周辺の建築物の整備に関する計画

イ．防災再開発促進地区

　防災再開発促進地区においては、計画の認定を受け、共同・協調建て替え事業に地方公共団体から補助を受けることができます。

　地方公共団体は防災再開発促進地区において、地震時に延焼被害をもたらす可能性が高い老朽建築物の除去を勧告できます。勧告を受けた賃貸住宅の所有者が計画の認定を受けると、居住者の公営住宅への入居、家賃の減額、移転費用の補助を受けることができ、所有者は借地借家法の規定を受けず、賃貸借契約の解約の申し入れができます。

ウ．特定防災街区整備地区

　「3.7 特定の目的の土地利用制度　(2) 特定防災街区整備地区」に記述します。

エ．防災街区整備地区計画

　用途地域が定められている密集市街地内で、防災街区として整備する区域については、都市計画に防災街区整備地区計画を定めます。

図　防災街区整備地区計画の区域のイメージ

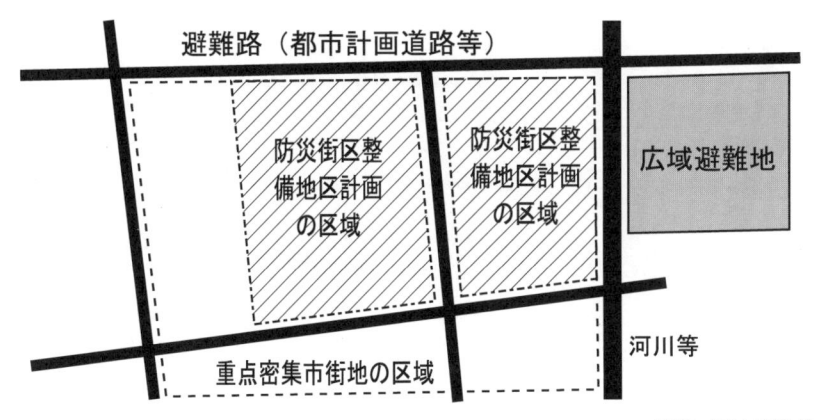

出典　国土交通省

　防災街区整備地区計画の区域は、重点密集市街地を含み、避難路（都市計画道路等）で囲まれた範囲で区域を設定します。

　重点密集市街地とは、延焼危険性が高く地震時に大規模火災の可能性があることから、重点的な改善が必要な密集市街地で、全国で400地区、8,000haがあります。

　防災街区整備地区計画については、以下の項目を定めます。
- 計画の目標と整備の方針
- 特定防災機能を確保するための地区防災施設の区域。又は、地区防災施設と建築物等が一体となって整備される特定地区防災施設にあっては、その整備計画である特定建築物地区整備計画
- 地区防災施設と特定建築物地区整備計画の区域以外について、道路公園等の地区施設、建築物及び土地利用の計画である防災街区整備地区整備計画

図　特定地区防災施設の配置イメージ

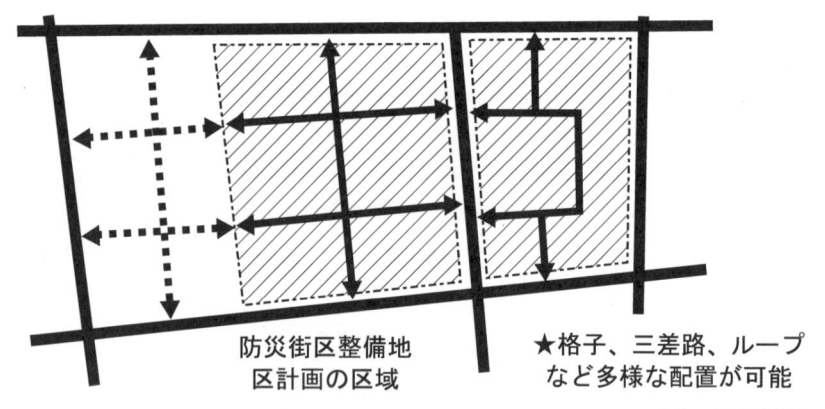

防災街区整備地区計画の区域

★格子、三差路、ループなど多様な配置が可能

出典　国土交通省

　特定地区防災施設は、避難路、避難上有効な空間、又は、隣接する地区の避難経路と接続するよう配置します。
　特定建築物地区整備計画においては、その区域及び建築物の構造に関する防火上必要な制限、建築物の特定地区防災施設に係る間口率の最低限度、建築物等の高さの最高限度又は最低限度、建築物の容積率の最高限度又は最低限度、建築物の建ぺい率の最高限度、建築物の敷地面積又は建築面積の最低限度、壁面の位置の制限等のうち必要な事項を定めます。
　防災街区整備地区計画の区域内では、市町村の条例により特定防災街区整備地区と同等の制限を定めた場合、防災街区整備事業が実施できます。
　防災街区整備地区計画の区域に、誘導容積型、用途別容積型、街並み誘導型を定めることができます。
　特定建築物地区整備計画と防災街区整備地区整備計画の区域に、容積適正配分型を定めることができます。

オ．防災街区整備事業

　建築物の権利変換による土地・建物の共同化を基本としつつ、例外的に個別の土地への権利変換を認める事業手法です。
　土地・建物の共同化等を通じて、老朽化した建築物を除却します。
　公共施設及び防災性能を備えた建築物を整備し、原則として従前権利に対応してその建築物の床に権利変換します。
　従前権利者の要請にこたえて、防災上支障がない場合は、例外的に土地から土地への権利変換を行います。

図　防災街区整備事業

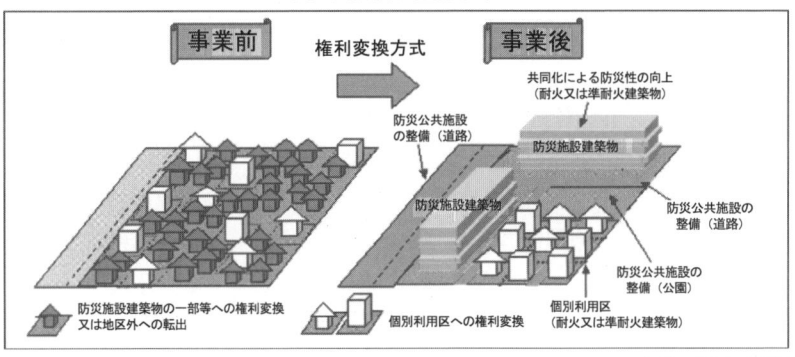

出典　国土交通省

カ．施行予定者制度

道路、公園等の防災公共施設の都市計画において、事業着手までのプログラムを明らかにするため、施行予定者及び事業着手予定時期を定めます。その確実な実施を担保するため、事業着手までの間、通常よりも厳しい建築制限等の特例を設けます。

キ．防災街区整備組合

防災再開発促進地区の整備計画が策定された地区内では、地権者が共同して、耐火建築物の建築や道路等の公共施設の整備を一体的に行う法人として、組合を設立できます。組合は、防災街区整備事業、土地区画整理事業、市街地再開発事業を実施できます。

(3) 歴史的風致維持向上地区計画（都市計画法第12条の4第1項第3号、歴史まちづくり法）

歴史的風致維持向上地区計画は、「地域における歴史的風致の維持及び向上に関する法律」（平成20年5月）（以下「歴史まちづくり法」といいます。）に基づく制度です。

我が国のまちには、城や神社、仏閣などの歴史上価値の高い建造物が、またその周辺には町家や武家屋敷などの歴史的な建造物が残されています。そこでは工芸品の製造・販売や祭礼行事など、歴史と伝統を反映した人々の生活が営まれ、地域固有の風情、情緒、たたずまいを醸し出しています。「歴史まちづくり法」は、このような良好な環境（歴史的風致）を維持・向上させ後世に継承するために制定されました。

ア．基本方針

主務大臣（文部科学大臣、農林水産大臣及び国土交通大臣）は、歴史的風致

の維持及び向上に関する基本方針を定めます。

イ．歴史的風致維持向上計画

市町村は、次の事項を記載した歴史的風致維持向上計画を作成し、主務大臣の認定を申請します。主務大臣は、基本方針等に適合すると認めるときは、認定をします。

・歴史的風致の維持及び向上に関する方針
・重点区域（重要文化財等の建造物の土地又は重要伝統的建造物群保存地区の土地及びその周辺の土地で、施策の推進が特に必要な土地の区域）の位置及び区域
・歴史的風致形成建造物（重点区域内の建造物で、歴史的風致を形成しており、保全が必要なもの）の指定の方針

ウ．計画に基づく措置

市町村長は、歴史的風致形成建造物の増築、改築等に係る届出があった場合、建造物の保全に支障があるときは、設計の変更等の措置を勧告することができます。

重要文化財等に関する文化庁長官の権限のうち、現状変更の許可等に関するものを歴史的風致維持向上計画の認定を受けた町村の教育委員会が行うことができます。

市街化調整区域において歴史的風致を形成している遺跡に係る歴史上価値の高い建築物の復原を目的とする開発行為等については、立地に係る開発許可の基準に適合するものとみなします。

エ．歴史的風致維持向上地区計画

地域の伝統的な技術又は技能により製造された工芸品等の物品の販売を主たる目的とする店舗等の建築が必要となる場合があります。このような建築物等のうち歴史的風致の維持及び向上のため整備をすべき用途の建築物等の整備については、都市計画における用途地域による用途制限等の緩和を認めます。

(4) 沿道地区計画（都市計画法第12条の4第1項第4号、沿道法）

沿道地区計画は、「幹線道路の沿道の整備に関する法律」（以下「沿道法」といいます。）に基づき、幹線道路の沿道を整備するための制度です。

沿道法は、道路交通騒音の著しい幹線道路の沿道について、以下のとおり沿道整備について必要な事項を定めることにより、道路交通騒音により生じる障害を防止し、あわせて適正かつ合理的な土地利用を図ることを目的としています。

ア．沿道整備道路の指定

都道府県知事は、幹線道路（高速自動車国道、都市計画道路）のうち次の道

路を、沿道整備道路として指定できます。
- 交通量は原則 1 万台／日を超えること。
- 相当数の住居が沿道に集合していること。
- 騒音値が夜間65dbを超えること、または昼間70dbを超えること。
- 道路の整備の見通し等を考慮しても騒音上必要と認められること。

イ．道路交通騒音減少計画

沿道整備道路が指定された場合には、道路管理者及び都道府県公安委員会は、次の事項からなる道路交通騒音減少計画を定めます。
- 道路交通騒音を減少させるための措置の実施に関する方針
- 次の事項のうち、必要と認められるもの
  ① 遮音壁、植樹帯等の設置等の措置
  ② 道路舗装の改善、交差点又はその付近における道路の改築、交通の規制等の措置

ウ．沿道地区計画

都市計画区域内において、沿道整備道路に接続する土地の区域で、道路交通騒音の防止等を図るため、市街地を整備することが適切であるものについては、都市計画に沿道地区計画を定めることができます。

沿道地区計画には、次の事項を定めます。
- 沿道の整備に関する方針
- 緑地等の緩衝空地及び主として当該区域内の居住者等の利用に供される道路等の施設（以下「沿道地区施設」といいます。）の整備、建築物等の整備、土地の利用その他の沿道の整備に関する計画（以下「沿道地区整備計画」といいます。）

沿道地区整備計画においては、次の事項のうち、必要な事項を定めます。
- 沿道地区施設の配置及び規模
- 建築物の沿道整備道路に係る間口率（建築物の沿道整備道路に面する部分の長さ÷敷地の沿道整備道路に接する部分の長さ）の最低限度、建築物の構造に関する防音上又は遮音上必要な制限、建築物等の高さの最高限度又は最低限度、壁面の位置の制限、壁面後退区域における工作物の設置の制限、建築物の容積率の最高限度又は最低限度、建築物の建ぺい率の最高限度、建築物等の用途の制限、建築物の敷地面積又は建築面積の最低限度等

沿道地区整備計画の区域に、誘導容積型、容積適正配分型、高度利用型、用途別容積型、街並み誘導型を定めることができます。

エ．沿道再開発等促進区

次の条件に該当する沿道地区計画については、土地の高度利用と都市機能の

増進とを図るため、一体的かつ総合的な市街地の再開発又は開発整備を実施すべき区域（以下「沿道再開発等促進区」といいます。）を都市計画に定めることができます。

- 現に土地の利用状況が著しく変化しつつあり、又は著しく変化することが確実であると見込まれる区域であること。
- 土地の高度利用を図る上で必要となる適正な配置及び規模の公共施設がない区域であること。
- 当該区域内の土地の高度利用を図ることが、当該都市の機能の増進に貢献すること。
- 用途地域が定められている区域であること。

沿道再開発等促進区内では、用途地域による容積率・建ぺい率等の制限の緩和が可能です。

オ．沿道整備権利移転等促進計画

　道路交通騒音により生ずる障害の防止と適正かつ合理的な土地利用の促進を図るため、沿道地区計画内の土地を対象として、所有権等の移転が必要な場合があります。市町村は、所有権等の移転を行おうとするときは、沿道整備権利移転等促進計画を定め、公告をします。公告があったときは、沿道整備権利移転等促進計画の定めるところによって所有権等が移転します。

カ．沿道整備促進のための助成等

　沿道地区計画の区域内での助成制度は次のとおりです。
- 市町村の沿道整備用地の買入れに関する資金の国による無利子貸付け
- 緩衝建築物の建築等に対する助成
- 沿道整備推進機構の沿道整備用地の取得に対して国による無利子貸付け

　沿道地区整備計画の区域内で、条例により防音上の制限が定められた場合の助成制度は次のとおりです。
- 特定の住宅の防音工事等に対する助成
- 特定の住宅の移転・除却に対する助成

キ．沿道整備推進機構の指定

　市町村長は、一般社団法人・一般財団法人を沿道整備推進機構として指定できます。

　機構は、次の業務を行います。
- 幹線道路の沿道の整備に関する事業を行う者に対し、情報の提供、相談その他の援助を行うこと。
- 沿道地区計画の区域内において、緩衝建築物を建築すること又は当該建築物の建築に関する事業に参加すること。

- 沿道整備用地の土地の取得、管理及び譲渡を行うこと。
- 幹線道路の沿道の整備の推進に関する調査研究を行うこと。

(5) 集落地区計画（都市計画法第12条の4第1項第5号、集落地域整備法）

集落地区計画は、集落地域整備法に基づき、農業集落にふさわしい整備等を促進するための制度です。

集落地域整備法の目的は、農業の生産条件と都市環境との調和のとれた整備を計画的に推進することです。集落地域整備法の主な内容は、次のとおりです。

ア．集落地域の定義

集落地域は次の事項のすべてを満たす地域です。

- 市街化区域以外の都市計画区域内、かつ、農業振興地域内で集落及びその周辺の農用地を含む一定の地域
- 調和のとれた農業の生産条件の整備と都市環境の整備とを図り、適正な土地利用を図る必要がある地域
- 農用地及び農業用施設等を整備することにより、良好な営農条件を確保できること。
- 良好な居住環境を有する地域として秩序ある整備を図る必要があること。

イ．集落地域整備基本方針

都道府県知事は、集落地域の整備又は保全に関する基本方針を次の事項について定めます。

- 集落地域の位置及び区域
- 集落地域の整備又は保全の目標
- 集落地域における土地利用に関する基本的事項
- 集落地域における農用地及び農業用施設等の整備その他良好な営農条件の確保に関する基本的事項
- 集落地域における公共施設の整備及び良好な居住環境の整備に関する基本的事項

ウ．集落地区計画

集落地域の土地の区域で、良好な居住環境の確保と適正な土地利用を図るため、整備及び保全を行うことが必要な場合は、都市計画に集落地区計画を定めることができます。

集落地区計画については、以下のものを定めます。

- 集落地区計画の目標その他当該区域の整備及び保全に関する方針
- 主として当該区域内の居住者等の利用に供される道路、公園等の施設（以下「集落地区施設」といいます。）及び建築物等の整備並びに土地の利用

に関する計画（以下「集落地区整備計画」といいます。）
集落地区整備計画においては、次のうち、必要な事項を定めます。
- 集落地区施設の配置及び規模
- 建築物等の用途の制限、建築物の建築面積の敷地面積に対する割合の最高限度、建築物等の高さの最高限度、建築物等の形態又は色彩その他の意匠の制限その他建築物等に関する事項
- 現存する樹林地、草地等の保全に関する事項

集落地区整備計画の区域内において、土地の区画形質の変更、建築物等の新築等を行おうとする者は、行為の種類、設計等を市町村長に届け出る義務があります。市町村長は、届出があった場合、集落地区計画に適合しないと認めるときは、設計の変更等を勧告することができます。

エ．開発許可の特例

集落地区計画の区域内で集落地区整備計画が定められ、目的が集落地区整備計画に適合する開発行為は許可されます。

オ．集落農業振興地域整備計画

市町村は、集落地域について、農用地及び農業用施設等の整備を一体的に推進する場合には、集落農業振興地域整備計画を定めます。

集落農業振興地域整備計画の区域内にある一団の農用地につき所有権、地上権、永小作権等を有する者は、当該農用地の良好な営農条件を確保するため、農用地の保全及び利用に関する協定を締結することができます

市町村は、特に必要な場合には、協定区域内にある農用地を含む、一定の農用地に関し交換分合を行うことができます。

（地区計画等の規制緩和可能項目）

地区計画等について記述してきましたが、地区計画の種別と用途地域制限に係る規制緩和の関係を整理すると右表のとおりとなります。

地区計画等の制度は一見錯綜しているように見えます。しかし、防災街区整備地区計画から集落地区計画までの4制度については、特定の目的や事業に結び付く地区に適用し、その他の地区は汎用性の高い地区計画を適用することが一般的です。地区計画等の決定状況の表を見ると、汎用性が高い地区計画の決定面積が大きいことが読み取れます。

表　地区計画等の種別と規制緩和

地区計画の種別			規制緩和可能項目
地区計画	基本形		用途制限
		誘導容積型	地区計画の暫定容積率制限
		容積適正配分型	容積率制限
		高度利用型	容積率制限 斜線制限
		用途別容積型	容積率制限
		街並み誘導型	道路幅容積制限 斜線制限
		市街化調整区域内	開発行為制限
	再開発促進区		用途制限、斜線制限 容積率、低層住専の建ぺい率・絶対高さ
	開発整備促進区		用途制限（大規模集客施設の立地制限）
防災街区整備地区計画	基本形		用途制限
		誘導容積型	地区計画の暫定容積率制限
		容積適正配分型	容積率制限
		用途別容積型	容積率制限
		街並み誘導型	道路幅容積制限 斜線制限
歴史的風致維持向上地区計画			用途制限
沿道地区計画	基本形		用途制限
		誘導容積型	地区計画の暫定容積率制限
		容積適正配分型	容積率制限
		高度利用型	容積率制限 斜線制限
		用途別容積型	容積率制限
		街並み誘導型	道路幅容積制限 斜線制限
	沿道再開発促進区		用途制限、斜線制限 容積率、低層住専の建ぺい率・絶対高さ
集落地区計画	市街化調整区域内		開発行為制限

（国土交通省資料より）

表　地区計画等の決定状況

地区計画等の種類	都市数	面積
		ha
地区計画	724	125,796.2
防災街区整備地区計画	4	358.6
歴史的風致維持向上地区計画	0	0.0
沿道地区計画	3	624.4
集落地区計画	13	584.2

平成20年3月31日現在　　　　（国土交通省資料より）

（地区計画等に対する利害関係者の意見の反映）
　地区計画等を都市計画に定めようとする時、その区域内の土地所有者等、土地に関する権利を保有する利害関係者の意見を求めて案を作成しなければなりません。（都市計画法第16条第2項）
　従って実質的に利害関係者が全員合意した案を都市計画に定めることになります。

3.4　都市環境の保全を図る土地利用制度

⑴　**風致地区（都市計画法第8条第1項第7号、第58条）**
　都市の風致を維持するため、地区内の自然が大きく改変されないための制度です。風致地区内における建築物の建築、宅地の造成、木竹の伐採その他の行為については、政令で定める基準に従い、地方公共団体の条例で必要な規制をすることができます。
　風致地区内においては、次の行為は、都道府県知事（面積が10ha以上の風致地区）又は市町村長の許可を受ける必要があります。
　・建築物の建築その他工作物の建設
　・建築物その他の工作物の色彩の変更
　・宅地の造成、土地の開墾その他の土地の形質の変更（以下「宅地の造成等」といいます。）
　・水面の埋立て又は干拓
　・木竹の伐採
　・土石の類の採取
　・屋外における土石、廃棄物の堆積
　政令での主な許可基準は次のとおりで、幅のあるものはその範囲で条例により定められます。
　・建築物の建築については、次に該当するものであること。

建築物の高さが8〜15m以下
建築物の建ぺい率が2／10〜4／10以下
建築物の外壁の後退距離が1〜3m以下
建築物の位置、形態及び意匠が風致と著しく不調和でないこと。
- 宅地の造成等については、木竹が保全される土地の面積の、宅地の造成等の土地の面積に対する割合が、10〜60％以下。

(2) 緑地保全地域・特別緑地保全地区・緑化地域（都市計画法第8条第1項第12号、都市緑地法）

緑地保全地域、特別緑地保全地区、緑化地域は、都市緑地法に基づく地域地区です。

都市緑地法は、都市における緑地の保全及び緑化の推進をするため、主に次の項目を定めています。

ア．緑地の定義

樹林地、草地、水辺地、岩石地等の土地が、良好な自然的環境を形成しているもの。

イ．緑地の保全及び緑化の推進に関する基本計画

市町村は、都市における緑地の保全及び緑化の推進に関する措置を総合的かつ計画的に実施するため、当該市町村の緑地の保全及び緑化の推進に関する基本計画（以下「緑の基本計画」といいます。）を定めることができます。

緑の基本計画には、主に次の事項を定めます。
- 緑地保全・緑化の目標と施策
- 都市公園の整備方針
- 緑地保全・緑化の方針
- 特別緑地保全地区内の緑地保全に関して、施設の整備、土地の買入れ、買い入れた土地の管理、管理協定に基づく緑地の管理に関する事項
- 緑化地域における緑化の推進に関する事項

ウ．緑地保全地域

緑地保全地域は、都道府県が広域的な見地で、無秩序な市街化の防止、生活環境の確保等の観点から、一定の土地利用との調和を図りつつ、適正な保全を図る大規模な緑地として定めるものです。

緑地保全地域内の建築物の新築、宅地の造成、木竹の伐採、水面の埋立て等の行為は、都道府県知事に届け出る必要があります。

都道府県知事は、緑地を保全する上で必要な場合に限り、緑地保全計画で定める基準（風致地区の基準より厳しく、特別緑地保全地区より緩やかな基準です。）に従い、当該行為を禁止し、制限し、又は必要な措置を命ずることがで

きます。
エ．特別緑地保全地区
　特別緑地保全地区は、特に良好な自然的環境を形成している緑地を指定し、建築物の建築等の行為は現状凍結的に制限します。許可を受けることができないために損失を受けた者に対する損失補償、及び、許可を受けることができないため土地の利用に著しい支障をきたす場合には土地の買入れが行われます。

オ．地区計画等緑地保全条例
　地区計画等の地区整備計画等に緑地の保全が定められた場合、区域内における建築、宅地の造成、木竹の伐採等の行為について、市町村の条例を定めて市町村長の許可を必要とすることができます。

カ．緑化地域
　用途地域内で、緑地が不足し、建築物の敷地内において緑化を推進する必要がある区域については、都市計画に、緑化地域を定めることができます。
　緑化地域には、建築物の緑化施設（当該建築物の空地、屋上その他の屋外に設けられるものに限ります。）の面積の敷地面積に対する割合（緑化率）の最低限度を定めます。

キ．地区計画等の区域内における緑化率規制
　市町村は、地区計画等の地区整備計画等に緑化率の最低限度が定められている場合、建築物の緑化率の最低限度を、条例で定めることができます。

ク．緑地協定
　都市計画区域又は準都市計画区域内における相当規模の一団の土地又は道路、河川等に隣接する相当の区間にわたる土地の所有者等は、緑地協定を締結することができます。緑地協定は、地域の良好な環境を確保するため、土地の所有者等の全員の合意により、当該土地の区域における緑地協定を締結するものです。
　緑地協定においては、次に掲げる事項を定めます。
- 緑地協定の目的となる土地の区域
- 次に掲げる緑地の保全又は緑化に関する事項のうち必要なもの
    ① 保全又は植栽する樹木等の種類
    ② 樹木等を保全又は植栽する場所
    ③ 保全又は設置する垣又はさくの構造
    ④ 保全又は植栽する樹木等の管理に関する事項
    ⑤ その他緑地の保全又は緑化に関する事項
- 緑地協定の有効期間

ケ．市民緑地制度

地方公共団体等は、都市計画区域又は準都市計画区域内における一定規模以上の土地等の所有者の申出に基づき、契約を締結して、住民の利用に供する市民緑地を設置し、管理することができます。国はその費用の一部を補助します。

(3) 生産緑地地区（都市計画法第8条第1項第14号、生産緑地法）

生産緑地地区は生産緑地法に基づく地域地区です。

生産緑地地区は、公害又は災害の防止、農林漁業と調和した都市環境の保全などに役立つ市街化区域内農地を計画的に保全して、良好な都市環境の形成を図ることを目的としています。また、三大都市圏の主要自治体では、生産緑地地区に指定されると、市街化区域内農地の固定資産税の税率が宅地並みから農地並みに軽減される措置が受けられます。

ア．宅地並み課税

次の自治体の市街化区域農地は、固定資産税、相続税の税率が宅地並みとなっています。

東京都23区

首都圏・近畿圏・中部圏の政令指定都市

首都圏整備法の既成市街地・近郊整備地帯、近畿圏整備法の既成都市区域・近郊整備区域、中部圏開発整備法の都市整備区域のなかにある市

イ．生産緑地地区の指定要件

生産緑地地区を指定するには、次の事項のすべてを満たすことが必要です。

・市街化区域内で、現に農林漁業の用に供されている土地
・現に良好な生活環境の確保に効用があり、将来の公園緑地等の敷地として適していること。
・面積が500m²以上あること。
・用排水等、農林漁業の継続が可能なこと。
・関係権利者が全員合意していること。

ウ．生産緑地の管理等

生産緑地地区の区域内の土地又は森林を生産緑地といいます。

生産緑地であることを示す標識が設置されます。

農地等として管理することが義務付けられます。

建築物の新築、宅地の造成、水面の埋立て等の行為は制限されます。

固定資産税は一般農地としての課税、相続税は納税猶予制度が適用されます。

エ．土地の買取り

生産緑地指定後30年を経過したとき、又は、農業の主たる従事者が死亡等し

たとき、生産緑地の所有者は、市町村長に土地買取りの申出ができます。市町村は、土地の買取り、他の農業従事者への斡旋等を行います。買取り申出の日から、3ヶ月以内に所有権の移転がなかったとき、生産緑地内の制限が解除されます。

3.5 景観の保全を図る土地利用制度

(1) 景観地区（都市計画法第8条第1項第6号、景観法）

景観地区は、平成16年（2004年）に制定された景観法に基づき、建築物の形態意匠の制限等を定めるものです。

景観法の目的は、美しく風格のある国土の形成、潤いのある豊かな生活環境の創造及び個性的で活力ある地域社会の実現を図ることです。景観法の主な内容は次のとおりです。

ア．基本理念

従来、景観の重要性が認識されてこなかったことから、景観の理念を述べています。

・良好な景観は、国民共通の資産として、国民がその恵沢を享受できること。
・良好な景観は、適正な制限の下に、その整備及び保全が図られること。
・良好な景観は、地域住民の意向を踏まえ、それぞれの地域の個性及び特色の伸長に資すること。
・良好な景観は、観光その他の地域間の交流の促進に大きな役割を担うものであり、地域の活性化に資すること。
・良好な景観の形成は、現にある良好な景観を保全することのみならず、新たに良好な景観を創出することを含むものであること。

イ．景観計画

景観計画は、景観行政団体が景観行政を進めるための基本的な計画です。景観行政団体とは、景観行政を担う主体となるもので、政令市、中核市、都道府県は自動的に景観行政団体となり、その他の市町村は、都道府県知事との協議・同意により景観行政団体になることができます。景観計画には次の項目を定めます。

必須事項は、景観計画区域、景観形成方針、行為の制限事項、景観重要構造物・景観重要樹木の指定方針です。選択事項は、屋外広告物の制限事項、景観重要公共施設の整備事項、景観重要公共施設の占用基準、景観農業振興地域整備計画の基本的事項、自然公園法の許可基準です。

景観計画区域内の建築行為、開発行為等は届出が必要になります。景観行政

団体の長は、届出が景観計画に適合しないと認めるときは、設計の変更等を勧告することができます。景観行政団体の長は、特定の届出については、景観計画に定められた建築物又は工作物の形態意匠の制限に適合させるため、設計の変更等を命ずることができます。

景観計画の区域は景観行政団体の全域又は一部区域でかけることができます。都市計画区域の内外は問いません。

ウ．景観重要建造物・景観重要樹木

景観行政団体の長は、所有者の意見を聴いて、景観重要建造物・景観重要樹木を指定することができます。景観行政団体の長の許可を受けなければ、景観重要建造物の増築、改築、移転、除却や、外観を変更する修繕、色彩の変更はできません。景観行政団体の長の許可を受けなければ、景観重要樹木の伐採又は移植はできません。

エ．景観重要公共施設

景観計画に、景観重要公共施設（道路、河川、都市公園、海岸、港湾、漁港、自然公園法による公園事業施設）の整備に関する事項が定められた場合、当該公共施設の整備は、景観計画に即して行われます。また、当該公共施設の占用基準に、景観計画に定められた基準が上乗せされます。

オ．景観農業振興地域整備計画等

市町村は、景観計画区域のうち農業振興地域内においては、景観と調和のとれた農業的土地利用を誘導するため、景観農業振興地域整備計画を定めることができます。市町村長は、土地が景観農業振興地域整備計画に従って利用されていない場合、その土地の所有者等に、計画に従う利用を勧告することができます。市町村長は、勧告を受けた者がこれに従わないとき、計画に従ってその土地を利用するため所有権等の権利を取得しようとする者と、所有権の移転等の協議を勧告することができます。

カ．景観協定

景観計画区域内の一団の土地の所有者等は、全員の合意により、景観協定を締結することができます。景観協定においては、次の事項を定めます。

・景観協定の目的となる土地の区域
・良好な景観の形成のための次に掲げる事項のうち、必要なもの
　① 建築物の形態意匠に関する基準
　② 建築物の敷地、位置、規模、構造、用途又は建築設備に関する基準
　③ 工作物の位置、規模、構造、用途又は形態意匠に関する基準
　④ 樹林地、草地等の保全又は緑化に関する事項
　⑤ 屋外広告物の表示又は屋外広告物を掲出する物件の設置に関する基準

⑥　農用地の保全又は利用に関する事
　⑦　その他良好な景観の形成に関する事項
キ．景観整備機構
　景観行政団体の長は、一般社団法人、一般財団法人又はNPOを、景観整備機構として指定することができます。景観整備機構は次の業務ができます。
- 良好な景観に関する知識を有する者の派遣、情報の提供、相談その他の援助を行うこと。
- 管理協定に基づき景観重要建造物又は景観重要樹木の管理を行うこと。
- 景観重要建造物と一体となっている広場等の公共施設に関する事業若しくは景観重要公共施設に関する事業を行うこと又は事業に参加すること。
- 上記の事業に有効に利用できる土地の取得、管理及び譲渡を行うこと。
- 景観農業振興地域整備計画の区域内にある土地を同計画に従って利用するため、委託に基づき農作業を行い、並びに当該土地の権利を取得、その土地の管理を行うこと。

ク．景観地区、準景観地区
　都市計画区域及び準都市計画区域において景観地区を都市計画に定めることができます。景観地区に関する都市計画には、建築物の形態意匠の制限を定め、建築物の高さの最高限度又は最低限度、壁面の位置の制限、建築物の敷地面積の最低限度のうち必要なものを定めます。
　景観地区内において建築等をしようとする者は、その計画の適合性について、申請書を提出して市町村長の認定を受ける必要があります。
　既存建築物について、その形態意匠が景観地区における良好な景観の形成に著しく支障をもたらすことがあります。その場合、市町村長は、建築物の所有者等に対して、建築物の改築、模様替、色彩の変更等の必要な措置を命ずることができます。市町村は、命令によって通常生ずべき損害を補償します。
　市町村は、都市計画区域・準都市計画区域外の景観計画区域のうち、現に良好な景観が形成されている一定の区域について、その景観の保全を図るため、準景観地区を指定することができます。市町村は、準景観地区内における建築物又は工作物について、条例で、良好な景観を保全するため必要な規制をすることができます。

図　景観法の対象領域のイメージ

出典　国土交通省

(2) 歴史的風土特別保存地区（都市計画法第8条第1項第10号、古都保存法、明日香法）

　歴史的風土特別保存地区は、「古都における歴史的風土の保存に関する特別措置法」（以下「古都保存法」といいます。）に基づく制度です。

　かつての政治、文化の中心等として歴史上重要な地位を有する市町村を古都と位置付けます。古都において歴史上意義を有する建造物、遺跡等が周囲の自然的環境と一体をなしている土地の状況を「歴史的風土」ととらえます。古都保存法は、これを後代の国民に継承されるべき文化的資産として適切に保存することを目的としています。

　古都に指定されているのは、京都市、奈良市、鎌倉市、天理市、橿原市、櫻井市、奈良県斑鳩町、同県明日香村、逗子市、大津市の10市町村です。

ア．歴史的風土保存区域

　国土交通大臣は、古都における歴史的風土を保存するため必要な土地の区域を歴史的風土保存区域として指定し、歴史的風土保存計画を決定します。

　歴史的風土保存区域内では、建築物の新築、宅地の造成、木竹の伐採、土石類の採取等の行為を行う場合、届出が必要です。

　府県知事は、届出をした者に対し、必要な助言又は勧告をすることができます。

イ．歴史的風土特別保存地区

　歴史的風土保存区域内において、歴史的風土の保存上枢要な部分を構成している地域については、都市計画に歴史的風土特別保存地区を定めることができます。

　歴史的風土特別保存地区内では、建築物の新築、宅地の造成、木竹の伐採、土石類の採取、建築物の色彩の変更等の行為を行う場合、府県知事の許可が必要です。府県知事は、政令で定める基準に適合しないものは、許可できません。

ウ．損失の補償等

　府県は、建築等の許可を得られないため損失を受けた者に対して、損失を補償しなければなりません。

　特別保存地区内の土地で歴史的風土の保存上必要があるものについて、建築等の許可を得ることができないため、土地の所有者から土地買入れの申出があった場合に、府県は、当該土地を買い入れます。

　古都保存法の特例として、「明日香村における歴史的風土の保存及び生活環境の整備等に関する特別措置法」（以下「明日香法」といいます。）が制定され、第一種・第二種歴史的風土保存地区を定め、村全域に相当厳しく行為規制を行っています。

(3)　**伝統的建造物群保存地区**（都市計画法第8条第1項第15号）

　伝統的建造物群保存地区は、文化財保護法第143条に基づく制度です。都市計画区域及び準都市計画区域内において、伝統的建造物群及びこれと一体をなしている環境を保存するため、都市計画に定めます。

　市町村は、政令の基準に従い、条例で現状変更の規制を定めます。

　伝統的建造物群保存地区内の建築物の新築、建築物の外観を変更すること、宅地の造成、木竹の伐採、土石類の採取等の行為は、市町村長及び教育委員会の許可を受ける必要があります。次の基準に適合しないものについては、許可を受けられません。

・伝統的建造物の位置、規模、形態、意匠又は色彩が当該伝統的建造物群の特性を維持していること。

・伝統的建造物以外については当該保存地区の歴史的風致を著しく損なうものでないこと。

3.6　交通に関連する土地利用制度

(1)　**駐車場整備地区**（都市計画法第8条第1項8号、駐車場法）

　駐車場整備地区は、駐車場法に基づく地域地区です。

駐車場法は、都市における自動車の駐車のための施設の整備を進めることを目的としています。

ア．駐車場整備地区

商業地域、近隣商業地域等とその周辺において自動車交通が著しくふくそうする地区で、円滑な道路交通を確保するため必要な区域については、都市計画に駐車場整備地区を定めます。

市町村は、駐車場整備地区が定められた場合、駐車場整備計画を定める必要があります。

イ．駐車場整備地区内の路外駐車場の整備

国土交通大臣、都道府県又は市町村は、駐車場整備地区に関する都市計画を定めた場合、必要な路外駐車場に関する都市計画を定める必要があります。路外駐車場とは、道路の路面外に設置される自動車の駐車のための施設であって一般公共の用に供されるものをいいます。地方公共団体は、都市計画に基づいて、路外駐車場の整備に努める必要があります。

路外駐車場の技術基準は駐車場法の政令で定められます。

ウ．駐車施設の附置

駐車場整備地区、商業地域、近隣商業地域とその周辺において、一定規模以上の建築物を新築、増築する者は、相当の駐車需要を発生させると見込まれます。地方公共団体は、条例で、その者に対し、建築物又はその建築物の敷地内に自動車の駐車施設を設けなければならない旨を定めることができます。

(2) **臨港地区（都市計画法第8条第1項第9号）**

臨港地区は、港湾を管理運営するため定める地区です。都市計画区域外では、港湾管理者が臨港地区を指定しますが、都市計画区域内では、都市計画で臨港地区を決定します。（港湾法第2条第4項、第38条、都市計画法第9条第22号）

ア．分区の指定

港湾管理者は、臨港地区内において次の分区を指定することができます。（港湾法第39条）

- 商港区：旅客又は一般の貨物を取り扱わせることを目的とする区域
- 特殊物資港区：石炭、鉱石その他大量ばら積を通例とする物資を取り扱わせることを目的とする区域
- 工業港区：工場その他工業用施設を設置させることを目的とする区域
- 鉄道連絡港区：鉄道と鉄道連絡船との連絡を行わせることを目的とする区域
- 漁港区：水産物を取り扱わせ、又は漁船の出漁の準備を行わせることを目

的とする区域
- バンカー港区：船舶用燃料の貯蔵及び補給を行わせることを目的とする区域
- 保安港区：爆発物その他の危険物を取り扱わせることを目的とする区域
- マリーナ港区：スポーツ又はレクリエーションの用に供するヨット、モーターボートその他の船舶の利便に供することを目的とする区域
- 修景厚生港区：景観を整備するとともに、港湾関係者の厚生の増進を図ることを目的とする区域

イ．分区内の規制

　港湾法第58条は、分区が指定された区域では、用途地域、特別用途地区の建物用途規制は適用しないとしています。分区の区域内においては、港湾管理者としての地方公共団体の条例において、新設、改築することができない建築物の用途を定めます。この条例は、当該港務局の作成した原案を尊重して制定されます。

　すなわち、分区内の建物用途規制は、都市計画法、建築基準法によらず、港湾法に基づく条例により行われます。

(3) 流通業務地区（都市計画法第8条第1項第13号、流市法）

　流通業務地区は、「流通業務市街地の整備に関する法律」（以下「流市法」といいます。）に基づく地域地区です。

　流市法は、流通機能の向上及び道路交通の円滑化を図るため、流通業務市街地の整備を進めることを目的としています。

ア．基本指針、基本方針

　主務大臣（農林水産大臣、経済産業大臣、国土交通大臣）が定める基本指針に基づき、都道府県知事が都市ごとに基本方針を定めます。対象都市は、流通業務施設の立地により流通機能の低下及び自動車交通の渋滞を来している都市、又は、高速道路等の整備の状況、土地利用の動向等からみて相当数の流通業務施設の立地が見込まれる都市です。

イ．流通業務地区

　基本方針が定められた都市のうち、流通業務市街地として整備すべき区域については、都市計画に流通業務地区を定めます。

　流通業務地区においては、トラックターミナル、卸売市場、倉庫等の流通業務関連施設以外のものを建設することはできません。

ウ．流通業務団地

　流通業務団地は、流通業務地区内において、都市計画に定められる都市施設です。

流通業務団地の都市計画では、流通業務施設の位置、規模、公共施設等の位置、規模を定めます。また、建ぺい率、容積率、建築物の高さ又は壁面の位置の制限を定めます。
　流通業務団地の造成・整備については、流通業務団地造成事業が、都市計画事業として地方公共団体又は独立行政法人都市再生機構により行われます。

(4) 航空機騒音障害防止地区等（都市計画法第8条第1項第16号、特定空港周辺航空機騒音対策特別措置法）

　航空機騒音障害防止地区又は航空機騒音障害防止特別地区は、「特定空港周辺航空機騒音対策特別措置法」に基づく制度です。法律の概要は次のとおりです。

ア．目的
　特定空港の周辺について、航空機騒音対策基本方針の策定、土地利用に関する規制その他の特別の措置を講じます。

イ．特定空港
　周辺の広範囲な地域に航空機の著しい騒音が及ぶこととなり、かつ、その地域において宅地化が進むと予想され、航空機の騒音により生じる障害を防止する必要がある空港を、政令で特定空港として指定します。現在、特定空港として指定されている空港は、成田国際空港です。

ウ．基本方針
　都道府県知事は、特定空港の周辺で航空機の著しい騒音が及ぶこととなる地域及びこれと一体的に土地利用を図るべき地域について、航空機騒音対策基本方針（以下「基本方針」といいます。）を定めます。

エ．航空機騒音障害防止地区及び航空機騒音障害防止特別地区
　特定空港の周辺で都市計画区域内の地域においては、都市計画に航空機騒音障害防止地区及び航空機騒音障害防止特別地区を定めることができます。航空機騒音障害防止地区は、航空機の著しい騒音が及ぶ地域について定めます。航空機騒音障害防止特別地区は、航空機騒音障害防止地区のうち航空機の特に著しい騒音が及ぶ地域について定めます。
　航空機騒音障害防止地区内において学校、病院、住宅等の建築をしようとする場合、当該建築物は、防音上有効な構造としなければなりません。航空機騒音障害防止特別地区内においては、学校、病院、住宅等の建築物の建築はできません。
　特定空港の設置者は、航空機騒音障害防止特別地区内の土地の所有者から、当該土地を買い入れるべき旨の申出があった場合、当該土地を買い入れます。

オ．移転の補償等
　特定空港の設置者は、航空機騒音障害防止特別地区に関する都市計画が定められた際現に同地区に所在する建築物等の所有者が、当該建築物等を移転・除却するときは、損失を補償します。
　特定空港の設置者は、補償を受けることとなる者から土地の買入れの申出があつた場合、当該土地を買い入れます。

カ．買い入れた土地の管理等
　特定空港の設置者が国の場合、設置者は、買い入れた土地を地方公共団体が公園、広場等の用に供するときは、当該土地を無償で使用させます。

3.7　特定の目的の土地利用制度

(1)　防火地域・準防火地域（都市計画法第8条第1項第5号）

　防火地域・準防火地域は、市街地における火災の危険を防止するため定めます。防火地域・準防火地域の建築規制は、建築基準法第61条〜第67条に規定されています。
　防火地域内においては、建築物は原則として耐火建築物とし、階数が2以下かつ、延べ面積が100㎡以下の建築物は準耐火建築物とすることができます。
　準防火地域内においては、階数（地階を除く。以下同じ）が4以上又は延べ面積が1,500㎡を超える建築物は、耐火建築物としなければなりません。延べ面積が500㎡を超え1,500㎡以下の建築物は、耐火建築物又は準耐火建築物としなければなりません。階数が3である建築物は、耐火建築物、準耐火建築物又は一定の技術的基準に適合する建築物としなければなりません。階数が2以下、かつ延べ面積が500㎡以下の建築物は、木造建築物が可能です。しかし、準防火地域内にある木造建築物等は、外壁等を防火構造とし、屋根の構造を一定の技術的基準に適合するものとしなければなりません。

(2)　特定防災街区整備地区（都市計画法第8条第1項第5号の2）

　防火地域又は準防火地域が定められている密集市街地で、防災都市計画施設と一体となって特定防災機能の確保等を図るための街区を、都市計画に特定防災街区整備地区として定めます。
　特定防災街区整備地区には、密集市街地において延焼防止効果を高めるために、建築物の防災性能や敷地の広さに関する制限等を定めます。また、道路、公園等の防災公共施設の周辺においては、火事や地震発生時に延焼拡大を防止し、避難路・避難地としての機能を高めるため、建築物が、道路からセットバックし、一定以上の高さを持つよう定めます。

図　特定防災街区整備地区の建築制限

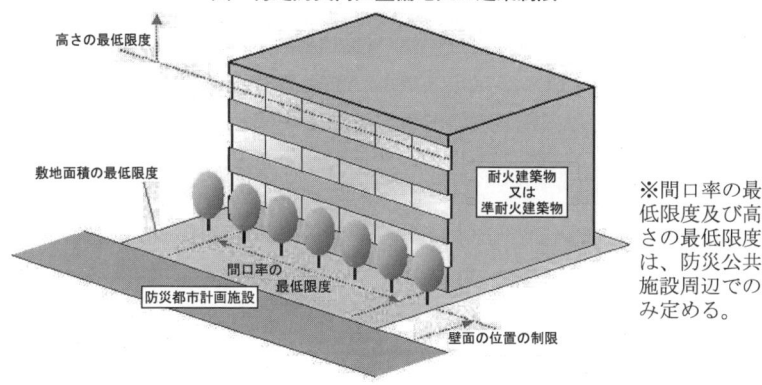

出典　国土交通省

特定防災街区整備地区内では、防災街区整備事業が実施できます。

(3) 遊休土地転換利用促進地区（都市計画法第10条の3）

市街地内の相当規模の土地が、長期間にわたり低・未利用の状態のまま存在し続けることは、都市全体の計画的な土地利用の増進を図る上で著しく支障となります。遊休土地転換利用促進地区は、市街化区域内の低・未利用の土地について、土地利用を転換し有効かつ適切に利用されることを目的としています。（都市計画法第10条の3、第58条の4～11）

遊休土地転換利用促進地区は、市街化区域内の5,000㎡以上の土地が、長期間、低・未利用であり、これの土地利用を促進することが、当該都市の機能増進に役立つ土地の区域に定められます。

市町村長は、遊休土地転換利用促進地区の都市計画決定をして2年経過した後、遊休土地と判定した場合、地区内の土地の所有者に遊休土地であることを通知します。通知を受けた者は、6週間以内に利用・処分計画を提出しなければなりません。

市町村長は、提出された計画に問題がある場合、計画の変更を勧告できます。土地の所有者が勧告に従わない場合、市町村長は、買取りを希望する地方公共団体、土地開発公社等の法人のうちから、買取りの協議者を指名します。土地の所有者は協議を拒むことはできません。土地を買い取った者は、都市計画に適合した土地利用を行います。

(4) 被災市街地復興推進地域（都市計画法第10条の4、被災市街地復興特別措置法）

被災市街地復興推進地域は、被災市街地復興特別措置法の規定による制度です。

被災市街地復興特別措置法は、平成7年（1995年）1月17日の兵庫県南部地震によって発生した阪神・淡路大震災の復興施策の一環として制定されました。法の概要は次のとおりです。

ア．目的
　大規模な火災、震災等の災害を受けた市街地について緊急かつ健全な復興を図るため、被災市街地における市街地の計画的な整備改善と、市街地の復興に必要な住宅の供給を行います。

イ．被災市街地復興推進地域
　都市計画区域内の市街地の区域で次に該当するものについては、都市計画に被災市街地復興推進地域を定めます。
- 大規模な火災、震災等の災害により区域内において相当数の建築物が滅失したこと。
- 公共施設の整備状況、土地利用の動向等からみて不良な街区が形成されるおそれがあること。
- 緊急に復興を図るため、土地区画整理事業、市街地再開発事業等を実施する必要があること。

　被災市街地復興推進地域内において、土地の造成又は建築物の新築等をしようとする者は、都道府県知事の許可が必要となります。（最長2年）
　都道府県知事等は、建築等が不許可となり、土地の所有者から土地の買取りの申出があったときは、当該土地を時価で買い取ります。
　なお、被災市街地復興特別措置法以外では、建築基準法第84条に被災市街地における建築制限の規定があります。特定行政庁は、市街地に災害のあった場合、都市計画又は土地区画整理事業のため必要があるとき、1月以内（再延長1月）に限り、建築物の建築を制限し、又は禁止することができます。

ウ．被災市街地復興土地区画整理事業
　被災市街地復興土地区画整理事業には、復興共同住宅区等の換地特例があります。「6．2　土地区画整理事業　(7)　換地特例」を参照してください。

エ．市街地再開発事業の特例
　被災市街地復興推進地域内においては、第二種市街地再開発事業の施行区域について特例があります。都市再開発法第3条の2第2号イ（区域内にある建築物が密集しているため、災害の発生のおそれが著しく、又は環境が不良であること等）又はロに掲げる条件に該当しないものであっても同号に掲げる条件に該当する土地の区域とみなして、都市再開発法の規定を適用します。

オ．公営住宅の特例
　災害により相当数の住宅が滅失した一定の区域内において、滅失した住宅の

居住者と、当該区域内の都市計画事業、市街地の整備改善の事業、住宅の供給事業により移転が必要となった者については、災害発生日から3年間は、公営住宅及び改良住宅の入居者資格の特例を適用します。

3.8 地域地区等の決定状況

用途地域以外の地域地区等の決定状況は下表のとおりです。近年に創設された制度では、まだ広く運用されていないものがあります。

表 地域地区等（用途地域以外）の決定状況

地域地区の種類	都市数	面積 ha
特別用途地区	457	78,015.20
特定用途制限地域	18	59,276.60
特例容積率適用地区	1	116.7
高層住居誘導地区	1	28.2
高度地区	200	363,406.50
高度利用地区	269	1,805.30
特定街区	17	212
都市再生特別地区	13	81.3
防火地域	747	30,441.80
準防火地域		291,371.00
特定防災街区整備地区	3	46
景観地区	12	6,397.60
風致地区	216	169,591.10
駐車場整備地区	122	28,100.20
臨港地区	313	56,935.40
歴史的風土特別保存地区	9	20,083.00
第一種歴史的風土保存地区	1	125.6
第二種歴史的風土保存地区	1	2,278.40
緑地保全地域	0	0
特別緑地保全地区	65	5,560.10
緑化地域	0	0
流通業務地区	27	2,386.00
生産緑地地区	209	14,454.20
伝統的建造物群保存地区	46	964.5
航空機騒音障害防止地区	5	4,984.00
航空機騒音障害防止特別地区	6	2,118.00
遊休土地転換利用促進地区	0	0.0
被災市街地復興推進地域	6	289.5

平成20年3月31日現在　　　（国土交通省資料より）

第4章　土地利用の規制

　土地利用の計画にそぐわない建築計画等は、建築行為の確認、開発行為の許可の手続のなかで、排除されることになります。また、都市計画施設、市街地開発事業の区域については、事業の実施を容易にするために土地利用による規制がかかります。
　第4章では、建築基準法上の規制、開発行為の規制、地区計画による規制、都市施設・市街地開発事業に伴う規制、屋外広告物規制について記述します。

4.1　建築確認

　建築主は、都市計画区域・準都市計画区域内において、建築物を建築しようとする場合、工事に着手する前に建築確認の手続を必要とします。建築確認の申請書を提出して、建築計画が建築基準関係規定（建築基準法、及びこれに基づく命令・条例の規定とその他政令で定める規定）に適合するものであることの確認を、建築主事から受け確認済証の交付を受けなければなりません。
　建築主事は、確認の申請書を受理した場合、申請に係る建築物の計画を審査し、建築基準関係規定に適合することを確認したときは、当該申請者に確認済証を交付しなければなりません。この際、政策的判断はなされず、物理的に建築基準関係規定に適合するかどうかが判断理由となります。
　また、建築物の計画が建築基準関係規定に適合することについて、民間の指定確認検査機関の確認を受け、確認済証の交付を受けることもできます
　特定行政庁は、建築基準法令に違反した建築物又は建築物の敷地については、当該工事の施工の停止を命じ、又は、当該建築物の除却、移転、改築、増築、修繕、模様替、使用禁止、使用制限その他必要な措置をとることを命ずることができます。
　建築主事とは、建築確認の事務を行うため、建築基準適合判定資格者検定（受験資格は一級建築士試験に合格し、建築行政又は確認検査等の業務に、2年以上の実務経験を有する者）に合格した公務員のうちから、市町村長・知事が任命した者をいいます。
　特定行政庁とは、建築主事を置く市町村長と、都道府県知事をいいます。

4.2　建築基準法の道路関連制限

　建築基準法の「第三章　都市計画区域等における建築物の敷地、構造、建築設備及び用途」（第41条の2～第68条の9）は、「集団規定」とも呼ばれ、都市計画区域と準都市計画区域に適用される土地利用規制を定めています。

　建築基準法では、長期的には建築物の前面道路の幅員は、最低限4mを確保することを目指しています。

ア．道路の定義

　「道路」とは、次に該当する幅員4m（特定行政庁が必要と認めて指定する区域内においては、6m）以上のものをいいます。

- 道路法による道路
- 都市計画法、土地区画整理法、旧住宅地造成事業に関する法律、都市再開発法、新都市基盤整備法、大都市地域における住宅及び住宅地の供給の促進に関する特別措置法又は密集市街地整備法（第六章に限る。）によって築造された道路、又は2年以内にその事業計画が執行される予定のものとして特定行政庁が指定したもの
- 建築基準法第三章の規定が適用されるに至った際現に存在する道
- 土地を建築物の敷地として利用するため、道を築造しようとする者が特定行政庁から位置の指定を受けたもの

幅員4m未満でも次のものは「道路」となります。

　第三章の規定が適用されるに至った際現に建築物が立ち並んでいる幅員4m未満の道で、特定行政庁の指定したものは、道路とみなし、その中心線からの水平距離2mの線をその道路の境界線とみなします。この道路は建築基準法第42条第2項の規定に基づくもので、「2項道路」と呼んでいます。なお、当該道路がその中心線からの水平距離2m未満でがけ地、川、線路敷地等に沿う場合には、当該がけ地等の境界線から道の側に水平距離4mの線をその道路の境界線とみなします。

　地区計画で定めた場合等を除き、建築物・擁壁は、道路内に建築・築造することはできません。この規定は、建築物、擁壁を道路外に後退させ、建て替えの際に4mの道路幅員が確保されることを期待しているものです。また、このような空地が確保されると、空地の無償借地や低価格での用地買収による道路拡幅が容易になります。

イ．接道基準

　建築物の敷地は、道路（自動車専用道路、高架道路等の沿道から乗り入れできない道路を除きます。）に2m以上接しなければなりません。ただし、その

敷地の周囲に広い空地を有する等の基準に適合する建築物で、特定行政庁が建築審査会の同意を得て許可したものについては、この限りでありません。

4.3 その他の建築基準法上の制限

(1) 卸売市場等の建築制限（建築基準法第51条）

都市計画区域内においては、卸売市場、火葬場又はと畜場、汚物処理場、ごみ焼却場等の処理施設の建築は、都市計画で敷地の位置を決定するか、特定行政庁が都道府県都市計画審議会の議を経て許可することが必要です。

(2) 被災市街地における建築制限（建築基準法第84条）

特定行政庁は、市街地に災害のあった場合において土地区画整理事業のため必要があると認めるときは、区域を指定し、災害が発生した日から1月以内の期間（延長1月）に限り、その区域内における建築物の建築を制限し、又は禁止することができます。

4.4 開発行為の規制

(1) 開発許可制度の目的

開発許可制度の目的は次のとおりです。
- 都市の周辺部における無秩序な市街化を防止するため、都市計画区域を、計画的な市街化を促進すべき市街化区域と原則として市街化を抑制すべき市街化調整区域に区域区分した目的を担保すること。
- 都市計画区域内外の開発行為について公共施設や排水設備等必要な施設の整備を義務付けるなど良質な宅地水準を確保すること。
- 都市計画区域内においては、都市計画に適合した開発行為に誘導すること。この目的は広く認識されていないかもしれませんが、重要な目的だと考えられます。

(2) 開発行為

都市計画法では、「開発行為とは、主として建築物の建築又は特定工作物の建設の用に供する目的で行なう土地の区画形質の変更をいう。」と定義されています。

国土交通省の運用指針では、「区画形質の変更」の意味は、単に一定規模以上の切土又は盛土を伴わないことのみをもって、当たらないとすることは不適当とされ、次の解釈が示されています。
- 農地等宅地以外の土地を宅地とする場合は、対象となること。
- 単なる分合筆は、対象とはならないこと。
- 建築物の建築自体と不可分な一体の工事と認められる基礎打ち、土地の掘

削等の行為は、対象とはならないこと。既に建築物の敷地となっていた土地等は、建築物の敷地としての土地の区画を変更しない限り、対象とはならないこと。
- 土地の利用目的が建築物等に係るものでないときは、対象とはならないこと。

(3) 開発許可

開発行為をしようとする者は都道府県知事、政令市・中核市・特例市の市長の許可を受けなければなりません。規制対象は、都市計画区域・準都市計画区域の外を含む全国土の開発行為です。

規制対象規模は次のとおりです。
- 市街化区域においては、1,000㎡（三大都市圏の既成市街地、近郊整備地帯等は500㎡）以上（特に必要な場合、都道府県、指定市等の条例で300〜1,000㎡に定めることができます。）
- 市街化調整区域においては、原則としてすべての開発行為
- 非線引き都市計画区域においては、3,000㎡以上（特に必要な場合、条例で300〜3,000㎡に定めることができます。）
- 準都市計画区域においては、3,000㎡以上（特に必要な場合、条例で300〜3,000㎡に定めることができます。）
- 都市計画区域・準都市計画区域外においては、10,000㎡以上

ただし、次の行為は許可不要です。
- 一定の農林漁業用の施設（畜舎、資材倉庫等）や、農林漁業者の住居を建築する目的の開発行為
- 公益上必要な建築物（駅舎、図書館等）を建築する目的の開発行為
- 都市計画事業の施行として行う開発行為
- 土地区画整理事業・市街地再開発事業・住宅街区整備事業・防災街区整備事業の施行として行う開発行為
- 公有水面埋立法の免許を受けた埋立地で、まだ竣工認可の告示がないものにおいて行う開発行為
- 非常災害のため応急措置として行う開発行為
- 通常の管理行為、軽易な行為等

(4) 公共施設の管理者の同意

開発許可の申請者は、あらかじめ、開発行為に関係がある公共施設管理者と協議し、同意を得なければなりません。また、開発行為により設置される公共施設を管理することとなる者と協議しなければなりません。

(5) **開発許可の技術基準（都市計画法第33条）**
　開発許可の主な技術基準は、次のとおりです。この技術基準により良質な宅地水準の確保、都市計画への適合性が担保されています。
- 開発区域内の予定建築物等が、用途地域等の用途関係の都市計画、建築基準法による用途制限に適合していること。
- 道路、公園等の公共の空地が適当に配置され、当該空地に関する都市計画に適合していること。開発区域内の主要な道路が、開発区域外の相当規模の道路に接続していること。
- 排水施設、給水施設が適当に配置され、当該施設の都市計画に適合していること。
- 地区計画等が定められている場合は、予定建築物の用途、開発行為の設計が、地区計画等に即していること。
- 申請者に、開発行為を行うための資力・信用があること。
- 工事施工者に、工事完成のための能力があること。
- 工事実施の妨げとなる権利を有する者の相当数の同意を得ていること。

　このほか、公共公益施設、災害の防止、環境の保全、交通のアクセスに関する規定があります。

(6) **市街化調整区域における立地基準（都市計画法第34条）**
　市街化調整区域で認められる開発行為の基準はまとめると次のとおりです。市街化を抑制する市街化調整区域の趣旨が担保されています。

ア．市街化区域に立地を限定すべきでないもの
　居住者の利便施設、鉱物・観光資源の利用上必要な施設、制度に基づく中小企業対策のための施設、現に稼働している工場の関連施設に関する開発行為

イ．市街化区域に立地が困難又は不適当なもの
　温湿度、空気等の特別の条件を必要とする施設、危険物等の貯蔵施設等に関する開発行為

ウ．スプロール抑制に支障がないもの
　農林漁業施設（開発許可不要の施設以外のもの）、地区計画又は集落地区計画の区域、市街化区域近接集落等に関する開発行為

(7) **建築制限**
　都道府県知事は、開発区域内について建築物の敷地、構造、設備に関する制限を定めることができ、これに違反する建築はできません。
　開発許可を受けた区域内では、工事の完了検査を受け、完了公告があるまでは、建築はできません。また、開発許可を受けた予定建築物以外のものは建築できません。

⑻　開発行為により設置された公共施設の管理

　開発行為により設置された公共施設とその土地は、市町村等の公的機関に移管され、法令に基づき管理されます。

4.5　地区計画区域内の建築規制Ⅰ（都市計画法第58条の2）

　再開発促進区・開発整備促進区（施設の配置・規模が定められているもの）及び地区整備計画が定められている地区計画の区域では、建築行為等を行おうとする者は、行為の30日前に、市町村長に届け出なければなりません。

　市町村長は、地区計画に適合しないと認めたときは、設計の変更等を勧告できます。

　防災街区整備地区計画の区域（防災街区整備地区整備計画等が定められている区域に限ります。）、歴史的風致維持向上地区計画（歴史的風致維持向上地区整備計画が定められている区域に限ります。）、沿道地区計画（沿道地区整備計画等が定められている区域に限ります。）、集落地区計画（集落地区整備計画が定められている区域に限ります。）にも同様の届出、勧告の制度があります。
（密集法第33条、歴史まちづくり法第33条、沿道法第10条、集落地域整備法第6条）

4.6　地区計画区域内の建築規制Ⅱ（建築基準法第68条の2）

　地区計画等の区域のうち地区整備計画、特定建築物地区整備計画、防災街区整備地区整備計画、沿道地区整備計画又は集落地区整備計画（以下「地区整備計画等」といいます。）が定められている区域に限っては、市町村は、建築物の敷地、構造、建築設備又は用途について地区計画等として定められたものを、条例で、これらに関する制限として定めることができます。この建築基準法に基づく条例を定めることにより、地区計画等の内容が建築基準関係規定に組み込まれ、建築確認に反映されます。

4.7　都市計画施設等の区域内における建築の規制

⑴　建築の許可（都市計画法第53条）

　都市計画施設の区域又は市街地開発事業の施行区域内において建築物の建築をしようとする者は、都道府県知事の許可を受けなければなりません。ただし、階数が2以下で、かつ、地階を有しない木造の建築物の改築又は移転、都市計画事業の施行として行う行為等は必要ありません。

　この建築許可は下記の基準に適合しなければ、特別のルールを決めている自治体を除いて、許可されることはありません。

(2) 許可の基準（都市計画法第54条）

都道府県知事は、許可の申請があった場合、次のいずれかに該当するときは、許可をしなければなりません。

- 当該建築が、都市計画施設又は市街地開発事業に関する都市計画に適合するもの。
- 当該建築が、都市計画施設の区域について都市施設を整備する立体的な範囲が定められている場合において、当該立体的な範囲外において行われること。ただし、当該立体的な範囲が道路であるときは、特定の場合に限ります。(5．2　交通施設 (3) 道路 (vii) 立体道路制度を参照してください。)
- 当該建築物が次の要件に該当し、かつ、容易に移転し、又は除却することができるものであると認められること。
    - イ　階数が2以下で、かつ、地階を有しないこと。
    - ロ　主要構造部が、木造、鉄骨造、コンクリートブロック造その他これらに類する構造であること。

(3) 許可の基準の特例等（都市計画法第55条）

都道府県知事は、都市計画施設の区域内の指定した土地の区域、又は市街地開発事業（土地区画整理事業及び新都市基盤整備事業を除く。）の施行区域（以下「事業予定地」といいます。）内において行われる建築物の建築については、上述の許可をしないことができます。

都市計画事業を施行しようとする者又は地方公共団体は、都道府県知事に対し、上述の土地の指定をすべきこと又は土地の買取りの申出・土地売買の届出の相手方として定めることを申し出ることができます。都道府県知事は、申し出た者を申出・届出の相手方として定めることができます。

都道府県知事は、上述の土地の指定をするとき、また土地の買取りの申出・届出の相手方を定めるときは、その旨を公告します。

(4) 土地の買取り（都市計画法第56条）

都道府県知事（上述の土地の買取りの申出の相手方として公告された者があるときは、その者）は、事業予定地内の土地の所有者から、建築物の建築が許可されないので当該土地を買い取るべき旨の申出があった場合においては、特別の事情がない限り、当該土地を時価で買い取ります。

(5) 土地の先買い等（都市計画法第57条）

事業予定地内の更地の土地を有償で譲り渡そうとする者は、その予定対価の額等を書面で都道府県知事又は届出の相手方として公告された者に届け出なければなりません。

都道府県知事等が、土地を買い取る旨の通知をしたときは、売買が成立した

ものとみなします。

4.8 市街地開発事業・都市施設の予定区域

(1) 市街地開発事業等予定区域（都市計画法第12条の2）

都市計画に、次の予定区域で必要なものを定めます。
- 新住宅市街地開発事業の予定区域
- 工業団地造成事業の予定区域
- 新都市基盤整備事業の予定区域
- 区域の面積が20ha以上の一団地の住宅施設の予定区域
- 一団地の官公庁施設の予定区域
- 流通業務団地の予定区域

予定区域については、施行予定者を都市計画に定めます。

予定区域に関する都市計画が定められた場合、都市計画決定の告示の日から起算して3年以内に、当該予定区域に係る市街地開発事業又は都市施設に関する都市計画を定めなければなりません。

上の期間内に都市計画が定められなかったときは、予定区域に関する都市計画は、その効力を失います。

(2) 予定区域内の建築等の制限（都市計画法第52条の2）

予定区域に関する都市計画において定められた区域内において、土地の形質の変更を行い、又は建築物の建築その他工作物の建設を行おうとする者は、都道府県知事の許可を受けなければなりません。

(3) 土地建物等の先買い等（都市計画法第52条の3）

予定区域内の土地建物等を有償で譲り渡そうとする者は、その予定対価の額及び当該土地建物等を譲り渡そうとする相手方等を書面で施行予定者に届け出なければなりません。

施行予定者が土地建物等を買い取る旨の通知をしたときは、当該土地建物等について、届出書に記載された予定対価の額で、売買が成立したものとみなします。

(4) 土地の買取り請求（都市計画法第52条の4）

予定区域に関する都市計画において定められた区域内の土地の所有者は、施行予定者に対し、当該土地を時価で買い取るべきことを請求することができます。

買い取る土地の価格は、施行予定者と土地の所有者とが協議して定めます。

4.9 施行予定者が定められている都市計画施設・市街地開発事業

(1) 施行予定者

市街地開発事業等予定区域に市街地開発事業又は都市施設に関する都市計画を定める際には、施行予定者も定めます。この都市計画に定める施行区域又は区域及び施行予定者は、当該市街地開発事業等予定区域に関する都市計画に定められた区域及び施行予定者でなければなりません。（都市計画法第12条の3）

市街地開発事業等予定区域以外であっても、次の都市施設については、都市施設に関する都市計画事業の施行予定者を都市計画に定めることができます。（都市計画法第11条第5項）
- 区域の面積20ha以上の一団地の住宅施設
- 一団地の官公庁施設
- 流通業務団地

市街地開発事業等予定区域以外であっても、次の市街地開発事業については、施行予定者を都市計画に定めることができます。（都市計画法第12条第5項）
- 新住宅市街地開発事業
- 工業団地造成事業
- 新都市基盤整備事業

(2) 建築制限等

施行予定者が定められている都市計画施設の区域及び市街地開発事業の施行区域については、区域内の建築等の制限、土地建物等の先買い等、土地の買取り請求の規定が、前述の「4.8 市街地開発事業・都市施設の予定区域」と同様に適用されます。（都市計画法第57条の2～5）

(3) 認可の申請の義務

施行予定者は、当該都市施設又は市街地開発事業に関する都市計画決定についての告示の日から起算して2年以内に、当該都市計画施設の整備に関する事業又は市街地開発事業について都市計画事業の認可又は承認の申請をしなければなりません。

4.10 促進区域（都市計画法第10条の2）

(1) 促進区域

都市計画に、次の促進区域で必要なものを定めます。
- 市街地再開発促進区域（都市再開発法第7条第1項）
- 土地区画整理促進区域（大都市地域における住宅及び住宅地の供給の促進

に関する特別措置法第 5 条第 1 項）
- 住宅街区整備促進区域（大都市地域における住宅及び住宅地の供給の促進に関する特別措置法第24条第 1 項）
- 拠点業務市街地整備土地区画整理促進区域（地方拠点都市地域の整備及び産業業務施設の再配置の促進に関する法律第19条第 1 項）

表　促進区域の決定状況

促進区域の種類	都市数	面積
		ha
市街地再開発促進区域	55	67.6
土地区画整理促進区域	126	21,144.20
住宅街区整備促進区域	7	75.1
拠点業務市街地整備土地区画整理促進区域	2	8.1

平成20年 3 月31日現在　（国土交通省資料より）

(2)　市街地再開発促進区域

　第一種市街地再開発事業の要件に該当する土地の区域で、宅地の所有権又は借地権を有する者による市街地の計画的な再開発の実施を図ることが適切であると認められるものについては、都市計画に市街地再開発促進区域を定めることができます。

　市街地再開発促進区域に関する都市計画においては、公共施設の配置及び規模並びに単位整備区を定めます。

　市街地再開発促進区域内の宅地について所有権又は借地権を有する者は、当該区域内の宅地について、できる限り速やかに、第一種市街地再開発事業を施行する等により、都市計画の目的を達成するよう努めなければなりません。

　市町村は、市街地再開発促進区域に関する都市計画に係る告示の日から起算して 5 年以内に事業化されていない単位整備区については、施行の障害となる事由がない限り、第一種市街地再開発事業を施行するものとします。

　一の単位整備区の区域内の宅地について所有権又は借地権を有する者が、その区域内の宅地について所有権又は借地権を有するすべての者の 2 ／ 3 以上の同意を得て、第一種市街地再開発事業を施行すべきことを市町村に対して要請することができます。その場合、当該市町村は、前記の期間内であっても、当該単位整備区について第一種市街地再開発事業を施行することができます。

(3) 土地区画整理促進区域、住宅街区整備促進区域（大都市法）

「大都市地域における住宅及び住宅地の供給の促進に関する特別措置法」（以下「大都市法」といいます。）が昭和50年（1975年）7月に制定されました。法律の概要は次のとおりです。

ア．目的

大都市地域における住宅及び住宅地の供給を促進するため、住宅市街地の開発整備の方針等について定めるとともに、土地区画整理促進区域及び住宅街区整備促進区域内における住宅地の整備並びに都心共同住宅供給事業について必要な事項を定める等特別の措置を講じます。

イ．大都市地域

東京都特別区、首都圏整備法の既成市街地・近郊整備地帯、近畿圏整備法の既成都市区域・近郊整備区域、中部圏開発整備法の都市整備区域

ウ．住宅市街地の開発整備の方針

「2．4　都市再開発方針等　(2)　住宅市街地の開発整備の方針」に記述しました。

エ．土地区画整理促進区域

大都市地域内の市街化区域のうち、良好な住宅市街地として一体的に開発される自然的条件を備えている0.5ha以上の土地について、都市計画に土地区画整理促進区域を定めることができます。

オ．特定土地区画整理事業

市町村は、土地区画整理促進区域の決定後2年を経て他の者が行わないとき、特定土地区画整理事業を施行するものとします。

特定土地区画整理事業には、共同住宅区、集合農地区等の換地の特例が適用されます。

カ．住宅街区整備促進区域

大都市地域内の市街化区域のうち、高度利用地区内の0.5ha以上の土地について、都市計画に住宅街区整備促進区域を定めることができます。

キ．住宅街区整備事業

市町村は、住宅街区整備促進区域の決定後2年を経て他の者が行わないとき、住宅街区整備事業を施行するものとします。

ク．都心共同住宅供給事業

都心共同住宅供給事業とは、大都市地域内の都心の地域等のうち居住機能の向上が必要な一定の区域（東京23区、大阪又は名古屋市旧市街地の一部地域）において行う、共同住宅の建設、管理、譲渡に関する事業、関連公益的施設の整備に関する事業並びにこれらに附帯する事業をいいます。

事業主体は、地方公共団体、都市再生機構、地方住宅供給公社、民間事業者がなれます。

都心共同住宅供給事業を実施しようとする者は、都心共同住宅供給事業の実施計画を作成し、都府県知事の認定を申請することができます。

都府県知事は、計画が基準に適合すると認めるときは、計画の認定をすることができます。

国、地方公共団体は、認定事業者に対して、都心共同住宅供給事業の実施に要する費用の一部を補助することができます。

(4) 拠点業務市街地整備土地区画整理促進区域（地方拠点法）

「地方拠点都市地域の整備及び産業業務施設の再配置の促進に関する法律」（以下「地方拠点法」といいます。）は、平成4年（1992年）5月に制定されました。

当時、地方においては、若年層を中心とした人口減少が広がるなど、地方全体の活力の低下が見られる一方で、人口と諸機能が東京圏へ一極集中するという状況が生じていました。このことから、地域社会の中心となる地方都市と周辺の市町村からなる地方拠点都市地域について、都市機能の増進と居住環境の向上を図るための整備を促進することにしました。これにより、地方の自立的な成長を牽引し、地方定住の核となるような地域を育成するとともに、産業業務機能の地方への分散等を進めることを目的としています。

ア．基本方針、基本計画

主務大臣（総務大臣、農林水産大臣、経済産業大臣、国土交通大臣）は、関係行政機関の長と協議の上、地方拠点都市地域の整備及び産業業務施設の再配置の促進に関する基本方針を定めます。都道府県知事は、関係市町村及び主務大臣と協議の上、地方拠点都市地域の指定を行います。地方拠点都市地域を構成する市町村は、共同して基本計画を定めて、都道府県知事の同意を得ます。

基本計画には、整備の方針、拠点地区（都市機能の集積や居住環境の整備を図るための事業を重点的に実施すべき地区）の区域、公共施設の整備、住宅・住宅地の供給等居住環境の整備、人材育成・地域間交流・教養文化等の活動に関する事項を定めます。

イ．移転計画

過度集積地域（東京23区）から産業業務施設（事務所その他研究施設）を業務拠点地区に移転しようとする者は、移転計画を作成し、主務大臣の認定を得ることができます。

ウ．拠点業務市街地の開発整備の方針

国及び地方公共団体は、基本計画に示される拠点地区が存在する市街化区域

において、都市計画に拠点業務市街地の開発整備の方針を定めるよう努めます。
エ．支援措置
次のような支援措置が設けられています。
- 地方行財政上の特例（不動産取得税・固定資産税に係る不均一課税に係る措置、地方自治法の特例、地方債の特例・配慮）
- 都市計画上の特例（拠点業務市街地整備土地区画整理促進区域制度、拠点整備土地区画整理事業制度、開発許可特例等）
- 卸売市場法の特例、地方住宅供給公社法の特例
- その他、公共施設の整備や住宅・住宅地の供給の促進、地域の電気通信の高度化への配慮・資金の確保、農地転用への配慮、国土利用計画法に定める監視区域の指定、産業業務施設の立地の適正化への配慮等

(5) 促進区域の規制内容
それぞれの促進区域によって若干の違いはありますが、おおむね次のような規制を受けます。
ア．土地の形質の変更又は建築物の新築、改築若しくは増築をしようとする者は、都道府県知事の許可を受けなければなりません。
イ．都道府県知事等は、上述の許可がされないため当該土地を買い取るべき旨の申出があったときは、当該土地を時価で買い取ります。
ウ．土地を買い取った者は、当該土地を市街地開発事業、公益的施設等に活用します。

4.11 屋外広告物の規制（屋外広告物法）

屋外広告物法は、屋外広告物と屋外広告業について、必要な規制を定めたものです。
ア．目的
良好な景観を形成し、風致を維持し、公衆に対する危害を防止するために、屋外広告物の表示・設置・維持並びに屋外広告業について、必要な規制の基準を定めます。
イ．定義
「屋外広告物」とは、看板、立看板、はり紙及びはり札、並びに、広告塔、広告板、建物等に掲出又は表示されたものをいいます。
「屋外広告業」とは、屋外広告物の表示又は広告物を掲出する物件の設置を行う営業をいいます。
ウ．広告物の表示等の禁止
都道府県、指定都市、中核市、景観行政団体である市町村は、条例で、良好

な景観又は風致を維持するため、次の場所で広告物の表示等を禁止することができます。
- 第一種低層住居専用地域、第二種低層住居専用地域、第一種中高層住居専用地域、第二種中高層住居専用地域、景観地区、風致地区、伝統的建造物群保存地区
- 道路、鉄道、軌道、索道又はこれらに接続する地域で、都道府県等が指定するもの
- 公園、緑地、古墳又は墓地
- 都道府県等が特に指定する場所
- 橋りょう、街路樹及び路傍樹、銅像及び記念碑、景観重要建造物及び景観重要樹木
- 都道府県等が特に指定する物件

エ．広告物の表示等の制限

都道府県等は、禁止されていない広告物の表示について、条例で許可を必要とする等の制限をすることができます。

オ．違反に対する措置

都道府県知事等は、条例に違反した広告物を表示・設置・管理する者に対し、これらの表示の停止を命じ、又は相当の期限を定め、除却等の必要な措置を命ずることができます。

都道府県知事等は、違反に係るはり紙、はり札等、広告旗、立看板等を自ら即時に除却することができます。

カ．屋外広告業の登録

都道府県は、条例で、屋外広告業者の登録を義務付けることができます。

第5章　都市施設

第5章では、都市施設の計画、事業、整備状況等を記述します。
都市施設のなかには、各種の団地も含まれます。

5.1　都市施設全般

(1)　都市施設の種類（都市計画法第11条）

都市計画区域においては、都市計画に、次の施設で必要なものを定めます。特に必要があるときは、都市計画区域外においても、これらの施設を定めることができます。

都市施設は、土地利用、交通等の現状及び将来の見通しを勘案して、適切な規模で必要な位置に配置することにより、円滑な都市活動を確保し、良好な都市環境を保持するように定めます。

・道路、都市高速鉄道、駐車場、自動車ターミナルその他の交通施設
・公園、緑地、広場、墓園その他の公共空地
・水道、電気供給施設、ガス供給施設、下水道、汚物処理場、ごみ焼却場その他の供給施設又は処理施設
・河川、運河その他の水路
・学校、図書館、研究施設その他の教育文化施設
・病院、保育所その他の医療施設又は社会福祉施設
・市場、と畜場又は火葬場
・一団地の住宅施設（一団地における50戸以上の集団住宅及びこれらに附帯する通路その他の施設をいいます。）
・一団地の官公庁施設（一団地の国家機関又は地方公共団体の建築物及びこれらに附帯する通路その他の施設をいいます。）
・流通業務団地
・電気通信事業の用に供する施設又は防風、防火、防水、防雪、防砂若しくは防潮の施設

(2)　都市施設を都市計画に定める意義

都市施設を都市計画に定めることについては、以下のような意義があります。

ア．都市像、都市構造実現の方向性の明確化

都市の将来像、都市構造を規定する都市施設の計画をあらかじめ都市計画に

おいて明示にすることにより、都市の将来像、都市構造実現の方向性が明確になります。長期的視点から都市の将来像、都市構造実現に向けて、都市施設の整備を計画的に展開することができます。

イ．土地利用や各都市施設間の計画の調整
都市内における土地利用や、各都市施設相互の計画の調整を図ることにより、総合的、一体的に都市の整備、開発を進めることができます。

ウ．住民の合意形成の促進
将来の都市において必要な施設の規模、配置を広く住民に明確に示すとともに、開かれた手続において地域社会の合意形成を図ることができます。

エ．整備の促進
都市施設の都市計画は、その整備を行うことを前提として定めるものです。将来の都市施設整備の円滑な施行を確保するため建築制限等を行うとともに、事業化に当たっては施行者に必要な権限が付与され、助成制度が活用できます。

(3) 都市計画に定める都市施設

ア．マスタープランに基づく都市施設の計画
都市施設の都市計画については、都市計画区域マスタープラン及び市町村マスタープランに即し、各都市施設の需要の見通しの検討を行い、長期的な整備水準を検討した上で、必要な規模の施設を定めます。

イ．都市施設の計画の目標年次
都市施設の計画の目標年次については、都市計画区域マスタープランとの整合を図る上からもおおむね20年後を目標としています。

ウ．国の計画への適合
都市施設の計画は、国土計画又は地方計画に関する法律に基づく計画及び道路、河川、鉄道、港湾、空港等の施設に関する国の計画に適合すべきものとされています。

エ．基本的な都市施設
道路等の交通施設、公園、下水道等については、長期的視点から計画的な整備を行う必要があり、また計画調整や地域社会の合意形成を図るため積極的に都市計画に位置付けることが望ましいと考えられています。

(4) 区域区分と都市施設の関係

ア．市街化区域
市街化区域においては、少なくとも道路、公園、下水道を定めるべきものとされています。道路については自動車専用道路及び幹線街路（交通広場を含みます。）、公園については運動公園、総合公園、地区公園、近隣公園及び街区公

園、下水道については排水区域、処理場、ポンプ場及び主要な管渠を定め、必要に応じその他の小規模なものを定めることが望ましいとされています。

イ．市街化調整区域

市街化調整区域は、市街化を抑制すべき区域ですので、市街化を促進する都市施設については、これを定めるべきではありません。ただし、地域間道路、市街化区域と他の市街化区域とを連絡する道路等や、公園、緑地等の公共空地、河川、処理施設等で市街化を促進するおそれがないと認められるものは定めることができます。また下水道についてはそれ自体では市街化を促進するおそれが少ないといえます。現に集落があり生活環境を保全する必要がある場合等については最小限の排水区域を定めることができます。

ウ．非線引き都市計画区域における都市施設の整備

非線引き都市計画区域については、少なくとも道路、公園及び下水道を定めることとなっています。

(5) 立体都市計画

道路、河川その他の政令で定める都市施設については、都市施設の区域の地下又は空間について、都市施設を整備する立体的な範囲を都市計画に定めることができます。政令で定める都市施設とは、道路、都市高速鉄道、駐車場、自動車ターミナルその他の交通施設、公園、緑地、広場、墓園その他の公共空地、水道、電気供給施設、ガス供給施設、下水道、汚物処理場、ごみ焼却場その他の供給施設又は処理施設、河川、運河その他の水路、電気通信事業の用に供する施設、防火又は防水の施設です。

ア．立体都市計画の意義

道路、河川等の都市施設の計画区域内で、一定の建築行為をしても、当該施設の整備に支障を及ぼさないことがあります。このような場合に、当該都市施設を整備する立体的な範囲（空間及び地下）を都市計画上明確にし、それ以外の範囲については、建築制限の適用を除外することを事前に明示します。このことにより、建築の自由度を高め、適正な土地利用の促進を図り、都市施設の導入空間の確保を促進します。

イ．立体的な範囲

都市計画施設の区域内における建築行為が都市施設の整備に支障とならないよう、あらかじめ必要な空間を担保するという観点から、当該都市計画施設が占有することとなる空間を「都市施設を整備する立体的な範囲」として定めます。

なお、当該都市計画施設の維持管理に支障を生じないよう、維持管理に必要な空間を「都市施設を整備する立体的な範囲」に含めて定めます。

ウ．既存の道路での取扱い

　立体都市計画を定めるのは、将来整備する都市計画道路の区域内において、一部の範囲について建築制限を除外する場合です。既存の道路で立体都市計画を定めることはできません。

(6) **地下空間における都市計画施設（大深度法）**

　都市の中心市街地等においては、大深度地下空間を含め地下利用の増大に伴う地下空間のふくそうがあります。地下空間のふくそうが著しい都市にあっては、地下空間の効率的かつ適切な利用を図るため、道路等の地下空間の利用についての方針を市町村マスタープランに定めます。

　地下に都市施設の計画を定める際には、この市町村マスタープランにおける地下空間の利用についての方針を踏まえて配置や構造等を定めることとなります。

　「大深度地下の公共的使用に関する特別措置法」（以下「大深度法」といいます。）は、公共の利益となる事業での大深度地下の使用について特別の措置を講ずることにより、当該事業の円滑な遂行と大深度地下の適正な利用を図ることを目的としています。

ア．「大深度地下」の定義

　次のうち、いずれか深い方の地下をいいます。
- 地下室の建設のための利用が通常行われない深さである地表から40m
- 支持基盤の最も浅い部分の深さに10mを加えた深さ

図　大深度地下のイメージ

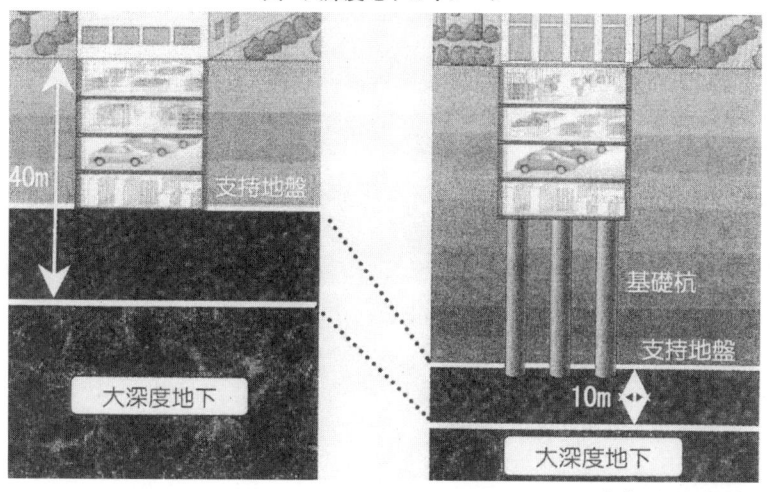

出典　国土交通省

イ．対象地域・対象事業
・対象地域は三大都市圏の既成市街地又は近郊整備地帯等
・対象事業は道路事業、河川事業、鉄道事業、電気通信事業、電気事業、ガス事業、水道・下水道事業等

ウ．基本方針
　国は、大深度地下の公共的使用に関する基本方針（以下「基本方針」といいます。）を定めます。

エ．大深度地下使用協議会
　大深度地下の適正な利用を図るために必要な協議を行うため、大都市圏ごとに、国の関係行政機関及び関係都道府県により、大深度地下使用協議会を設置します。

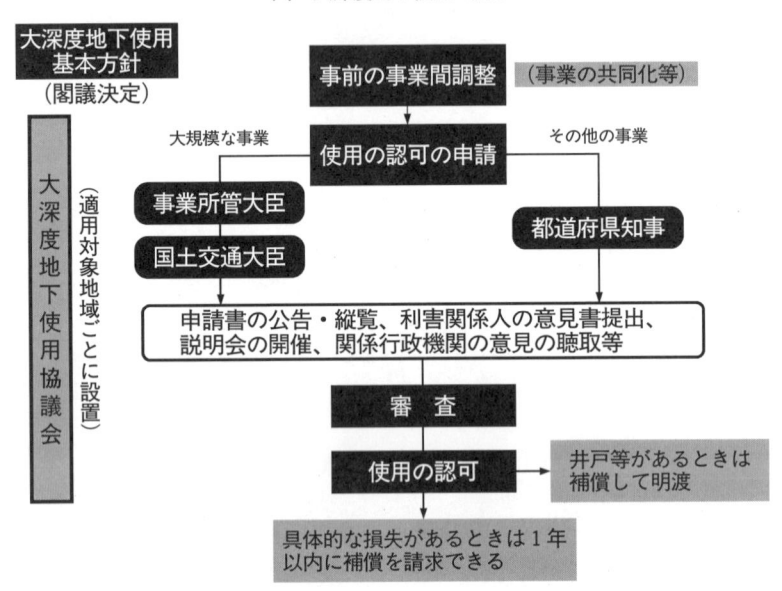

図　大深度地下使用の流れ

```
大深度地下使用基本方針（閣議決定）
　　　　　　　　　　　　事前の事業間調整　　（事業の共同化等）
大深度地下使用協議会（適用対象地域ごとに設置）
　　　大規模な事業　　　　使用の認可の申請　　　その他の事業
　　　事業所管大臣
　　　国土交通大臣　　　　　　　　　　　　　　　都道府県知事
　　　　　　　　　申請書の公告・縦覧、利害関係人の意見書提出、
　　　　　　　　　説明会の開催、関係行政機関の意見の聴取等
　　　　　　　　　　　　　審　査
　　　　　　　　　　　　使用の認可　→　井戸等があるときは補償して明渡
　　　　　　　　　具体的な損失があるときは1年以内に補償を請求できる
```

出典　国土交通省

オ．認可
　国土交通大臣（大規模な事業）又は都道府県知事（その他の事業）は、下記の要件すべてに該当する場合、大深度地下使用の認可をすることができます。
・対象事業に該当すること。
・事業が対象地域の大深度地下で施行されること。
・大深度地下を使用する公益上の必要があること。

- 事業者の意思・能力が十分であること。
- 事業計画が基本方針に適合すること。
- 事業により設置される施設・工作物の耐力が基準以上であること。
- 井戸等の移転・除却が必要なときは、それが困難又は不適当でないこと。

カ．効果

認可を取得したときのメリットは次のとおりです。
- 事業者は、事業区域を使用する権利を取得し、土地所有者には事業区域の使用に支障を及ぼす行為を制限します。
- 道路、河川等の大深度地下を使用する場合、占用許可が不要です。
- 民地の大深度地下を使用する場合、原則として無補償です。ただし、既存物件の明渡しに伴う補償は必要です。また権利の制限により具体的な損失が発生したときは、告示の日から１年以内に限り請求できます。

大深度法には、次の効果があります。
- 大深度地下は、通常利用されない空間なので、公共の利益となる事業のために使用権を設定しても、通常は、補償すべき損失が発生しません。このため、大深度法では、事前に補償を行うことなく大深度地下に使用権を設定できることとしています。例外的に補償の必要性がある場合は、使用権設定後に、補償が必要と考える土地所有者からの請求を待って補償を行います。
- 上下水道、電気、ガス、電気通信のような生活に密着したライフラインや地下鉄、地下道路、地下河川などの公共の利益となる事業を円滑に行えるようになります。
- 合理的なルートの設定が可能となり、事業期間の短縮、コスト縮減が期待できます。
- 大深度地下の無秩序な開発を防ぐことができます。
- 大深度地下は地表や浅い地下に比べて、地震に対して安全であり、騒音・振動の減少、景観保全にも役立ちます。

5.2 交通施設

(1) 都市交通の特徴

最初に、大都市の郊外に住む会社員の通勤を想定します。彼は、朝自宅から徒歩でバス停に行き、バスに乗り駅前広場でバスから降ります。私鉄の都心方向の電車に乗り、そのまま相互直通の地下鉄に乗り入れます。会社近くの地下鉄駅で降り、徒歩で会社に到着します。

典型的な通勤交通の形態です。これからわかるように、通勤・通学交通の特

徴は、大量の交通が、特定の時間（通勤・通学のラッシュ時）に、特定の方向（通勤時は都心方向、帰宅時は郊外方向）に集中することです。もう一つの特徴は、徒歩・バス・私鉄電車・地下鉄・徒歩と利用したように、多くの人が複数の交通手段を利用することです。

一方、業務や物流に伴う交通は、不定形に都市内を移動します。

(2) **都市交通体系の在り方**
- 大量の交通に対応するためには、個別交通機関である自動車に依存することには無理があり、鉄道、新交通システム、路面電車（LRTを含みます。LRT（Light Rail Transit）とは、低床、軽量、高速等の次世代型路面電車です。）、バス等の大量公共交通機関を中心にする必要があります。
- 複数の交通手段を乗り継ぐことが多く、交通結節点での円滑な乗換えの確保が重要です。
- 高齢社会に対応するためには、徒歩と公共交通機関により、日常活動を可能にすることが必要です。
- 移動距離、移動時間を短縮するためには、郊外に拡散した市街地ではなく、拠点となる鉄道駅周辺を中心とするコンパクトな市街地の形成が必要です。
- 次のような交通施設と土地利用の関係を意識して、交通施設を計画します。

　交通施設が整備されアクセスが容易な場所には商業・業務系の土地利用が立地し、次に中高層住宅が立地します。その外側では幹線街路の沿道には地域サービスのための施設が立地し、幹線街路に囲まれた住宅地（おおむね1km²程度）の内側には戸建て住宅が立地します。工業系の土地利用は道路が整備された特定の場所に集合して立地します。

- 都市圏（一定の通勤・通学が行われる交通圏）を対象とする交通実態調査・交通量予測を踏まえて、交通機関の種類、交通施設の規格、規模等を計画します。予測は20年後とするのが一般的です。

(3) **道路**

(i) 都市部の道路の機能

都市部の道路には以下の3機能があります。

ア．交通機能
- 自動車、トラック、バス、歩行者、自転車の円滑な交通を確保します。
- 新交通システム、路面電車やバス停等の公共交通のための空間を提供します。

イ．空間機能
- 都市環境、都市景観、都市防災の面で良好な都市空間を提供します。
- 良好な都市環境を確保する上では特に歩道や植樹帯は都市内の貴重な緑と憩いの空間を提供しているといえます。
- 景観形成の点では、都心部や文化施設の集積地区等で、十分なアメニティー空間が確保された広幅員道路は沿道の建築物と一体となり都市の顔としてふさわしい景観を生み出します。
- 都市防災の面では都市内道路は災害時の避難路や延焼遮断の防災のための空間として機能します。
- 上下水道等の供給処理施設、電信電力施設等の収容空間を提供します。

ウ．市街地形成機能
- 都市構造を形成し、土地利用を誘導します。
- 複数の建物敷地でできている一団の土地を区画道路等で囲み、街区を構成します。このことにより、建物敷地は道路に接し、建物を建築することができます。
- 建物に日照、通風のための空間を提供します。

(ⅱ) 道路の種別
主として交通機能に着目した次のような道路種別があります。

ア．自動車専用道路
都市高速道路、都市間高速道路等専ら自動車の交通の用に供する道路です。

イ．幹線街路
都市内におけるまとまった交通を受け持つとともに、都市の骨格を形成する道路です。
幹線街路は、特に多様な機能を有していることから、次のとおり区分されます。

- 主要幹線街路
  主要幹線街路は、都市の拠点間を連絡し、自動車専用道路と連携し都市に出入りする交通及び都市内の枢要な地域間相互の交通を集約して処理します。また、主要幹線街路は、特に高い走行機能と交通処理機能を有し、都市構造に対応したネットワークを形成します。
- 都市幹線街路
  都市幹線街路は、都市内の各地区又は主要な施設相互間の交通を集約して処理します。特に市街地内においては、主要幹線街路、都市幹線街路で囲まれた区域（住宅系市街地においては、これを「近隣住区」と呼びます。）内から通過交通を排除し良好な環境を保全するよう配置します。

・補助幹線街路
　　補助幹線街路は、主要幹線街路又は都市幹線街路で囲まれた区域内において、当該区域内において発生又は集中する交通を集約します。また区域内において良好な都市環境を実現するため、区域内を通過する自動車交通の進入を誘導しないよう配置します。
ウ．区画街路
　地区における宅地の利用に供するための道路です。
エ．特殊街路
・歩行者専用道、自転車専用道、自転車歩行者専用道
　　歩行者、自転車の交通の用に供する道路です。
・都市モノレール専用道等
　　都市モノレール、新交通システム等の交通の用に供する道路です。
・路面電車道
　　路面電車の交通の用に供する道路です。

　都市計画道路の決定状況は下表のとおりですが、都市計画道路の約90％は幹線街路です。幹線街路の改良率は58％ですが、昭和45年度末の27％から、ゆっくりとはいえ着実に整備が進んでいます。自動車専用道路の構成比は７％ありますが、改良率はまだ43％にすぎません。区画街路、特殊街路の構成比は低く、改良率が高いのは、事業化が近い道路を主として都市計画決定することによると思われます。

表　道路の決定状況（道路種別）

区　分	計画決定	構成比	改良済	改良率
	km	％	km	％
総延長	73,540.01		42,194.17	57.38
自動車専用道路	5,077.54	6.90	2,163.70	42.61
幹線街路	65,832.05	89.52	37,951.65	57.65
区画街路	1,434.49	1.95	1,063.55	74.14
特殊街路	1,195.93	1.63	1,015.27	84.89
歩行者専用道等	1,016.15	1.38	857.51	84.39
都市モノレール専用道等	176.23	0.24	156.56	88.84
路面電車道	3.55	0.00	1.20	33.80

平成20年3月31日現在　　　　　　　　　　　　　　　（国土交通省資料より）

表　幹線街路の改良率

年度末	改良率(%)
S45	27.2
S50	32.0
S55	36.1
S60	40.1
H2	44.7
H7	48.1
H12	51.6
H17	55.6
H18	56.3
H19	57.6

（国土交通省資料より）

都市計画道路の車線数の構成比は、下表のとおり2車線が58％、4車線以上が38％となっています。4車線以上を持つ主要幹線街路の都市計画決定が進んでいることがうかがわれます。

表　道路の決定状況（車線数別）

区分	計画決定 (km)	構成比(*) (%)	改良済 (km)	改良率 (%)
総延長	73,540.01		42,194.17	57.4
8車線以上	154.58	0.37	110.55	71.5
6車線	1,287.21	3.09	937.70	72.8
4車線	14,347.18	34.49	8,549.22	59.6
2車線	24,241.72	58.28	13,469.61	55.6
車線数を定めない路線	1,566.58	3.77	1,278.85	81.6
未決定	31,942.75		17,848.23	55.9

（国土交通省資料より）

（＊）　未決定を除く構成比
平成20年3月31日現在

都市計画道路の幅員別延長は下表のとおりですが、16〜22mが多く約4割となっています。12〜16mの約2割を加えると、12〜22mで6割を超えます。欧米諸国と比較しても、また、空間機能を満たすためにも、幅員が不足しているように思われます。

表　道路の決定状況（幅員別）

区分	計画決定	構成比	改良済	改良率
	km	%	km	%
総延長	73,540.01		42,194.17	57.38
40m以上	2,340.70	3.18	1,583.72	67.66
30m〜40m	4,680.42	6.36	2,736.58	58.47
22m〜30m	16,256.25	22.11	9,777.47	60.15
16m〜22m	30,001.07	40.80	16,286.85	54.29
12m〜16m	14,534.81	19.76	8,193.61	56.37
8m〜12m	4,545.98	6.18	2,711.43	59.64
8m未満	1,180.78	1.61	904.50	76.60

平成20年3月31日現在　　　　　　　　　　　　　　（国土交通省資料より）

(iii)　道路網

図　金沢市の道路網

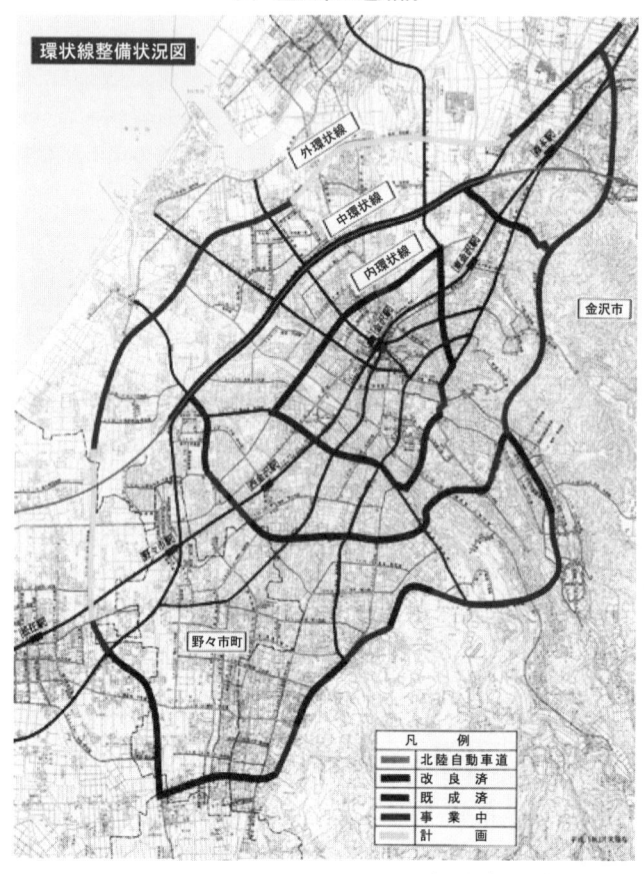

（国土交通省資料より）

都市内においては、道路は路線単位で別々に計画されることはなく、ネットワークとして計画されます。

大量かつ比較的長距離の交通を処理する自動車専用道路と主要幹線街路は、都市圏の放射・環状道路を形成するよう配置します。

都市幹線街路は、主要幹線街路とあわせて、市街地内に一定の密度で配置します。住宅地では、都市幹線街路・主要幹線街路で囲まれた近隣住区がおおむね1km²の面積になるよう、格子状におおむね1km間隔で配置するのが目安になります。商業・業務地ではより高い密度で配置します。

補助幹線街路は、主要幹線街路又は都市幹線街路で囲まれた区域内において、当該区域内において発生又は集中する交通を集約するよう配置します。

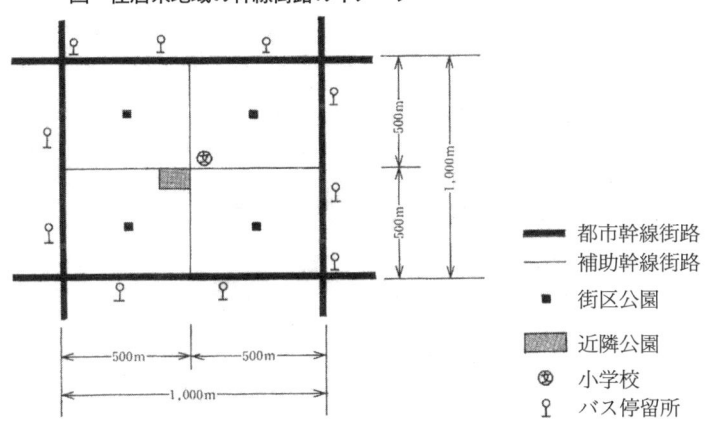

図　住居系地域の幹線街路のイメージ

- 都市幹線街路
- 補助幹線街路
- ■ 街区公園
- 近隣公園
- ⊛ 小学校
- ⚲ バス停留所

上の図で幹線街路（都市幹線街路＋補助幹線街路）の密度は4km／km²になります。補助幹線街路を除いて、都市幹線街路だけの道路密度は2km／km²になります。

実際に都市計画決定された幹線街路の密度は下表のとおり2.57km／km²で、改良済み幹線街路の延長密度は2km／km²にも達しない1.60km／km²です。

表　市街地面積当たり幹線街路延長

幹線街路	延　長	市街地面積当たり延長
	km	km／km²
計画	47,393	2.57
改良済み	29,495	1.60

平成20年3月31日現在　　（国土交通省資料より）

市街地とは、「市街化区域＋非線引きの都市計画区域における用途地域」をいいます。

　区画街路は、適切な規模・形状の街区を形成するとともに、幹線街路等で囲まれた区域内に発生又は集中する交通を円滑に集散するよう、また区域内を通過する自動車交通の進入を誘導しないよう配置します。
　自転車歩行者専用道（歩行者専用道、自転車専用道を含みます。）は、自転車、歩行者の主要動線に沿って、幹線街路の歩道等と一体となって機能するよう配置します。
　都市モノレール専用道等と路面電車道は、都市内の主要な地区・施設を効率的に連絡します。鉄道等他の交通機関とともに、都市圏の大量公共交通機関網全体として機能を発揮するよう配置します。都市モノレール専用道等と路面電車道は、原則として道路空間に設置されることから、他の都市計画道路と一体となって計画されます。

(ⅳ)　道路の幅員、線形
　都市計画道路は、原則として道路法の道路として整備され、道路法の道路管理者が管理することになります。したがって、道路の幅員、線形等の計画は、道路法の政令である道路構造令に基づいて行われます。
　ただし、道路構造令は、道路として備えるべき最低基準を示したものであり、都市計画道路の幅員については、都市部の道路が必要とする空間機能を考慮して決定することになります。

(ⅴ)　都市計画に定める道路
　自動車専用道路のうち都市間高速道路は、国の計画に適合しつつ国土レベルの広域的な自動車交通を処理するよう都市計画に定めます。
　自動車専用道路（都市高速道路）、主要幹線街路、都市幹線街路は、根幹的施設であり、都市全体として必要なものを一体的に都市計画に定めます。
　補助幹線街路は地域に身近な施設であり、その取扱いは以下のように考えられます。
ア．新市街地においては、原則として根幹的な道路と補助幹線街路を一体的に決定します。
イ．既成市街地における補助幹線街路については、根幹的な道路を定めた後、市街地の状況等を踏まえ事業の展開に合わせて順次定めます。
ウ．特に市街地開発事業を行う場合には、市街地開発事業の都市計画と同時に根幹的な道路から補助幹線街路まで必要なものを一体的に定めます。
　区画街路については、連続立体交差事業の側道等、事業の必要に応じて都市計画に定めます。

(vi) 都市高速道路

　都市高速道路は、首都高速道路、阪神高速道路、名古屋都市高速道路、福岡都市高速道路、北九州都市高速道路、広島都市高速道路の6道路があります。首都・阪神高速道路と、名古屋都市高速道路等の指定都市高速道路では、根拠、仕組みが異なっています。

　首都高速道路は、首都高速道路株式会社が営む高速道路として「東京都の区の区域及びその周辺地域の自動車専用道路等のうち、国土交通大臣が指定するもの」です。阪神高速道路は、阪神高速道路株式会社が営む高速道路として「大阪市、神戸市、京都市とそれらの区域間、周辺地域の自動車専用道路等のうち、国土交通大臣が指定するもの」です。(高速道路株式会社法第5条)

　首都高速道路株式会社等は、独立行政法人日本高速道路保有・債務返済機構と協定を締結し、国土交通大臣の許可を受けて、高速道路を新設改築して、料金を徴収することができます。(道路整備特別措置法第3条)

　名古屋都市高速道路等の指定都市高速道路は、政令で指定する人口50万以上の市の区域とその周辺において、都市計画に定められた自動車専用道路のみで道路網が構成されている道路をいいます。(道路整備特別措置法第12条)

　地方道路公社は、上述の道路網を構成する道路を、国土交通大臣の許可を受けて新設改築して、料金を徴収することができます。地方道路公社とは、地方道路公社法に基づき、都道府県又は政令で指定する人口50万以上の市が設立し、有料道路と自動車駐車場の建設及び管理等を行う法人です。

(vii) 立体道路制度

　都市部での自動車専用道路の建設に当たっては、道路の用地買収に伴う各種の問題や、道路建設による地域分断などまちづくりの面からの問題が発生することがあります。

　道路の上下空間に建物を建設することは原則として禁止されていましたが、道路と建物の利用空間を調整し、両者の共存を認める「立体道路制度」が平成元年(1989年)に創設されました。

図　立体道路のイメージ

出典　(財)道路空間高度化機構ホームページ

　立体道路制度は、道路法、都市計画法及び建築基準法の規定で構成されています。

ア．道路の立体的区域の決定（道路法第47条の6）
　道路管理者は、道路の新設又は改築を行う場合において、必要があると認めるときは、道路の区域を空間又は地下について上下の範囲を定めたもの（以下「立体的区域」といいます。）とすることができます。立体的区域を定めた道路の敷地に関する権原は、原則として区分地上権となります。

イ．立体道路の地区計画（都市計画法第12条の11）
　都市計画道路で、自動車専用道路及び自動車の沿道への出入りができない構造の高架道路・自転車歩行者専用道路等が対象となります。これらの道路について、地区計画の地区整備計画に、立体道路の区域を定めることができます。この場合、地区整備計画に、建築の限界（空間又は地下について上下の範囲を定めたもの）を定めます。

ウ．道路内の建築制限の特例（建築基準法第44条）
　建築物は、原則として道路内に建築できません。ただし、次の建築物を特例とします。地区計画の区域内の自動車専用道路又は特定高架道路等の上空又は路面下に設ける建築物のうち、地区計画の内容に適合し、かつ、一定の基準に適合するものであって特定行政庁が認めるもの。

　立体道路制度の活用により次の効果が期待できます。
・従前居住者等が、従前の場所において居住や営業が可能となります。
・敷地が道路の用地買収で分割されたり、敷地面積の減少で容積率が減じたりすることなく、従前と同様の建築物が建築可能となります。
・道路として必要な空間以外は他の用途に利用できるため、地域分断を解消しまちづくりを進めることができます。

・道路事業者にとっては、道路として利用する空間のみを取得することで道路整備が可能となるため、道路用地取得費の削減や事業の円滑な進ちょくにつながります。

(ⅷ) 電線の地中化（電線共同溝法）

電線類の地中化を図るため、光ファイバ、電力線等をまとめて道路の地下空間に収容する施設が電線共同溝（C・C・BOX）です。電線共同溝に入溝可能な電線は、電気事業者の電線、電気通信事業者の電線（光ファイバを含みます。）、有線テレビ放送事業者の放送線、有線ラジオ放送事業者の音楽放送線等です。電線共同溝により、安全で快適な通行空間の確保、都市景観の向上、都市災害の防止、情報通信ネットワークの信頼性の向上等が図られます。

電線共同溝は、道路法第2条により道路管理者が設置する道路付属物と位置づけられています。都市計画上も、電線共同溝は、単体での都市施設ではなく道路に含まれます。都市計画道路の整備や市街地開発事業による道路整備の際、電線共同溝は道路の付属物として道路本体の整備にあわせて整備されます。

電線共同溝の整備は、「電線共同溝の整備等に関する特別措置法」（平成7年3月）（以下「電線共同溝法」といいます。）に基づいて実施されます。法律の概要は以下のとおりです。

ア．電線共同溝整備道路の指定

電線共同溝を整備する道路を道路管理者が指定します。これにより、その区間の新たな上空占用が制限されます。

イ．電線共同溝整備計画

道路管理者は電線共同溝の占用予定者の意見を聴いて、当該箇所の電線共同溝整備計画を策定します。

ウ．電線共同溝の建設

道路管理者は占用予定者から建設負担金を徴収し電線共同溝本体の建設を行います。

エ．電線共同溝の占用

道路管理者は、電線共同溝の建設が完了したとき、占用予定者に当該電線共同溝の占用の許可をします。

オ．電線共同溝の管理

道路管理者は、電線共同溝を適切かつ円滑に管理するため、各占用者の意見を聴いて電線共同溝管理規定を定めます。また、道路管理者は占用者から管理負担金を徴収し、電線共同溝の改築、維持、修繕、災害復旧その他を行います。

(ⅸ) 共同溝（共同溝法）

共同溝は、通信ケーブル、電力ケーブル、ガス管、上下水道などの公益事業のための物件を、共同して収容するための「とう道」をいいます。共同溝の整備により、道路の掘り返し工事の防止、地震などの災害に強い都市づくり、ライフラインの安全性の確保、工事渋滞の軽減などが図られます。共同溝は、道路法第2条により道路管理者が設置する道路付属物と位置付けられています。都市計画上も、共同溝は、単体での都市施設ではなく都市計画道路に含まれます。

共同溝の整備は、「共同溝の整備等に関する特別措置法」（昭和38年4月）（以下「共同溝法」といいます。）に基づいて実施されます。法律は、電線共同溝法の規定とほぼ同様です。

ア．共同溝整備道路の指定

国土交通大臣は、共同溝を整備すべき道路として指定します。これにより、その道路の新たな占用が制限されます。

イ．共同溝整備計画

道路管理者は、共同溝の占用予定者の意見を聴いて、共同溝整備計画を作成します。

ウ．共同溝の建設

道路管理者は占用予定者から建設負担金を徴収し共同溝本体の建設を行います。

エ．共同溝の占用

道路管理者は、共同溝の建設が完了したとき、占用予定者に当該共同溝の占用の許可をします。

オ．共同溝の管理

道路管理者は、共同溝を適切かつ円滑に管理するため、各占用者の意見を聴いて共同溝管理規定を定めます。また、道路管理者は占用者から管理負担金を徴収し、電線共同溝の改築、維持、修繕、災害復旧その他等を行います。

(ⅹ) 地下街

地下街は、道路や駅前広場の地下占用施設で、公共地下歩道、公共地下歩道に面して設けられる店舗、公共地下駐車場等が一体となった地下施設です。地方分権の流れを受けて、平成13年6月に地下街に関連する国の一連の通達がすべて廃止となりました。そのため、国内で有数の地下街がある名古屋市の基準をもとに地下街の概要を説明します。他の都市においてもほぼ同様の取扱いであると思われます。

ア．地下街

地下街とは、道路又は駅前広場の区域内にあって、公共地下歩道等と公共地

下歩道に面して設けられる店舗等が一体となった地下施設（公共地下駐車場が併設されている場合には、当該公共地下駐車場を含みます。）をいいます。

イ．都市計画

　主な公共地下歩道等又は公共地下駐車場は、都市計画決定し、都市計画事業として整備します。

ウ．計画内容

　計画する地下街の規模は、次に規定する範囲内で、必要最小限のものとします。

- 公共地下駐車場の部分を除く地下街の延べ面積は、公共地下駐車場の部分の延べ面積を超えないこと。
- 店舗の延べ面積は、地下街（公共地下駐車場の部分を除く。）の延べ面積の半分を超えないこと。つまり、地下街の延べ面積の半分以上は公共地下歩道等となります。
- 地下街の階層は、一層に限ります。公共地下歩道の幅員は、6m以上とします。

エ．事業主体

　地下街の設置者及び管理者は、原則として国、地方公共団体又はこれに準ずる公法人（駅前広場に係る鉄道事業又はバスターミナル事業を営む法人を含む。）又はこれらからおおむね1／3以上の出資を受けている法人とします。

(4) 都市高速鉄道

(i) 都市高速鉄道全般

　都市高速鉄道は、大量かつ高速の公共交通機関です。都市圏の交通需要を集約し、郊外から都心方向への通勤通学交通を処理し、都市圏の発生集中交通の多い拠点間を連絡します。郊外電車、地下鉄、モノレール・新交通システム、路面電車（LRTを含みます。）、バスといった輸送力が異なる公共交通機関を適切に配置し、効率性、快適性、採算性に優れたネットワークを形成する必要があります。このうち鉄道網については、経営主体が異なる複数の鉄道事業者により構成されますが、我が国では郊外電車と地下鉄との相互直通運転が極めて発達し、国際的に見ても乗客の利便性が高いシステムとなっています。

　課題としては、次の点が挙げられます。

ア．鉄道の課題

- ラッシュ時の混雑の解消がまだ十分ではなく、鉄道ネットワークの充実、増便等が課題となっています。
- 鉄道経営の採算性が問題となっている鉄道事業者があります。
- 鉄道利便性の低い地域で、新線建設を求められています。

イ．都市側の課題
- 新線建設では踏切は設置できないこととなっていますが、従来からある鉄道には開かずの踏切と呼ばれる踏切などが多く残っています。市街地の分断、道路混雑、交通安全等の問題が生じています。
- 鉄道とバス、自動車、自転車との間の乗換え等の交通結節点の施設が未整備の場所が多くあります。
- 駅周辺の土地利用については、交通利便性が高いにもかかわらず、それに対応した土地利用を実現できていない地区が多くあります。

(ii) 都市計画に定める鉄道

都市高速鉄道として都市計画に定められる鉄道は、道路の地下に収容される地下鉄、連続立体交差事業が行われる鉄道、国庫補助を受けて整備される都市モノレール、大規模宅地開発に伴い整備される鉄道等が挙げられます。

(iii) 地下鉄

地下鉄に明確な定義はありませんが、日本で一般利用者が認識している地下鉄の定義は、「地方自治体（交通局）又はそれに代わる第三セクター（東京メトロなど）が経営する、主に地下を走る鉄道路線網」ということになるでしょう。第三セクターは東京メトロのみを地下鉄とする最狭義の定義と、その他の第三セクターも加える狭義の定義があります。上記の路線に、東京を中心とした一部の私鉄路線（東急田園都市線渋谷～二子玉川間、京急本線泉岳寺～品川間、西武有楽町線小竹向原～練馬間など）を加えたものが広義の地下鉄となります。この広義の定義の地下鉄は、主に道路の地下を走り都市高速鉄道として都市計画の決定を受けています。

本文では狭義の定義に従って記述します。

地下鉄を経営（計画中を含みます。）する地方公共団体は次の10団体です。

東京都、大阪市、名古屋市、札幌市、横浜市、神戸市、京都市、福岡市、仙台市、川崎市（計画中）の交通局

地下鉄を経営する第三セクターは次の8社です。

東京地下鉄㈱、東京臨海高速鉄道㈱、神戸高速鉄道㈱、広島高速交通㈱、埼玉高速鉄道㈱、横浜高速鉄道㈱、西大阪高速鉄道㈱、中之島高速鉄道㈱

地下鉄は、建設・維持管理に相当高額の経費を要する交通機関であることから、大量の輸送需要が見込める大都市に導入されます。上記の経営主体を見ても、地下鉄は人口100万人以上の大都市圏で整備されています。

地下鉄は、大阪市営地下鉄を除いて鉄道事業法に基づいています。大阪市営地下鉄は、中央線コスモスクエア駅～大阪港駅間が鉄道事業法、その他は軌道法に基づいています。

郊外電車と地下鉄との相互直通運転を東京メトロで見ると、次のとおり、東京メトロの9路線中、銀座線、丸ノ内線を除く7路線で実施されています。
　①日比谷線―東武伊勢崎線、東急東横線
　②東西線―JR中央線、JR総武線、東葉高速線
　③千代田線―JR常磐線、小田急小田原線、小田急多摩線
　④有楽町線、副都心線―西武有楽町線、西武池袋線、東武東上線
　⑤半蔵門線―東急田園都市線、東武伊勢崎線、東武日光線
　⑥南北線―埼玉高速鉄道線、東急目黒線
　この相互直通運転は、乗客の列車乗換えを不要にし、大量の通勤・通学交通を処理するのに多大の貢献をしています。一方、一路線の電車の遅れが数路線のダイヤの乱れに拡大するという問題が発生しています。
　公営地下鉄の収支をみると、平成19年度で9団体中6団体が赤字となっています。公営地下鉄は、鉄道単体の収支以外に、住民の便益向上、税の増収、環境負荷の軽減、道路渋滞の緩和等について大きな効果があり、都市経営という観点から評価する必要があります。

(ⅳ) 連続立体交差事業

　連続立体交差事業は、都市部における道路整備の一環として、道路と鉄道との交差部数箇所において、鉄道を連続的に高架化又は地下化します。このことによって、多数の踏切を一挙に除却し、踏切渋滞、事故を解消するなど都市交通を円滑化するとともに、鉄道により分断された市街地の一体化を促進します。
　連続立体交差事業は、都市高速鉄道の都市計画決定を行い、都道府県・人口20万人以上の市・特別区が事業主体となり、都市計画事業として施行されます。
　連続立体交差事業に係る都市高速鉄道の都市計画の決定とあわせて、交差する幹線街路について、交差形式や幅員の見直し、必要な路線の追加を行うとともに、関連側道の決定、駅周辺における駅前広場を中心とする道路、自動車駐車場、自転車駐車場、その他必要な都市施設の決定と土地利用の見直しを行います。
　また、駅周辺において、連続立体交差事業に伴い、相当規模の鉄道跡地が発生することがあります。この鉄道跡地を活用するなど同事業を契機として、都市の重要な機能を担う拠点の形成を行う場合も多くあります。その場合には、都市基盤施設と宅地等の一体的な整備を図るため、市街地開発事業を都市高速鉄道の都市計画決定とほぼ同時期に定めています。
　国土交通省は、全国の踏切約36,000箇所を対象に踏切交通実態総点検を実施

し、緊急に対策が必要な踏切を次のとおり抽出しました。
　緊急に対策の検討が必要な踏切：1,960箇所（重複を除きます。）
　Ａ．開かずの踏切：589箇所
　Ｂ．自動車と歩行者のボトルネック踏切：839箇所（開かずの踏切との重複を除きます。）
　　Ｂ－１　自動車ボトルネック踏切（＊１）：538箇所
　　Ｂ－２　歩行者ボトルネック踏切（＊２）：301箇所
　Ｃ．歩道が狭隘な踏切：645箇所（開かずの踏切との重複を除きます。）
（＊１）自動車ボトルネック踏切：自動車交通量と踏切遮断時間で定義されます。
（＊２）歩行者ボトルネック踏切：歩行者及び自転車の交通量、自動車交通量と踏切遮断時間で定義されます。
　このうち、抜本対策の検討が必要な踏切は、Ａ＋Ｂの1,428箇所としています。抜本対策としては、連続立体交差事業、個別の立体交差事業などが考えられます。
　連続立体交差事業は以下の基準に基づいて採択されます。
　次の要件①及び②のすべてに該当し、まちづくりの上で効果のある事業費10億円以上のもの。
①　鉄道と交差する両端の幹線道路（＊１）の中心間距離が350m以上ある鉄道区間について、都市計画道路を含む道路と同時に３ヵ所以上で連続的に立体交差し、かつ２ヵ所以上の踏切道を除却すること。
②　高架区間のあらゆる1,000mの区間の踏切道において５年後における１日踏切交通遮断量（＊２）の和が20,000台時／日以上であること。
（＊１）幹線道路：一般国道、都道府県道及び都市計画道路をいいます。
（＊２）踏切交通遮断量：当該踏切における１日当たりの自動車交通量と１日当たりの踏切遮断時間を乗じた値です。

図　連続立体交差事業の採択基準

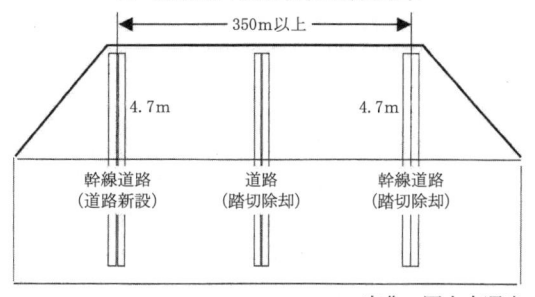

```
        ←――― 350m以上 ―――→
         │         │         │
        4.7m              4.7m
      幹線道路      道路      幹線道路
      (道路新設)  (踏切除却)  (踏切除却)
```

出典　国土交通省

　連続立体交差事業は踏切除却により、都市部の自動車交通の円滑化に極めて大きな効果がもたらされます。このため、既設鉄道の立体化に必要な事業費のおおむね90％は都市側が負担し、その1／2に対して国庫補助金が充当されています。残りの10％程度については、高架下の活用などの受益のある鉄道事業者が負担しています。

(v) 都市モノレール等（都市モノレール法）

　都市モノレールとは、主として道路に架設される一本の軌道桁に跨座し、又は懸垂して走行する車両によって人又は貨物を運送する施設で、一般交通の用に供するものであって、その路線の大部分が都市計画区域内にあるものをいいます。

　都市モノレールについては「都市モノレールの整備の促進に関する法律」（以下「都市モノレール法」といいます。）が制定されています。概要は次のとおりです。

ア．都市計画

　都市モノレールは、その路線が都市計画区域内にある部分については、都市計画に定めます。

イ．道路管理者の責務

　道路管理者は、都市モノレールについて都市計画が定められている場合に、当該都市モノレールの路線に係る道路を新設・改築しようとするときは、当該都市モノレールの建設が円滑に遂行できるよう十分に配慮します。

図　北九州都市モノレール小倉線

出典　北九州市

都市計画決定した都市モノレールは次の7路線があります。
① 　千葉都市モノレール㈱・1号線（懸垂式）　3.2km
　　　　　　　　　　　　　2号線（懸垂式）　12.0km
② 　多摩都市モノレール㈱・多摩都市モノレール線（跨座式）　16.0km
③ 　大阪高速鉄道㈱・大阪モノレール線（跨座式）　21.2km
　　　　　　　　　　国際文化公園都市（跨座式）　6.8km
④ 　北九州高速鉄道㈱・小倉線（跨座式）8.8km
⑤ 　沖縄都市モノレール㈱・沖縄都市モノレール線（跨座式）12.9km
　都市モノレールと同様の国庫補助を受け、同様の都市計画を定める交通システムとして次の3システムがあります。
ア．新交通システム
　案内軌条式鉄道の一種で、専用軌道上をゴムタイヤで走行する中量輸送機関です。専用路線の側壁に案内軌条があり、側壁から給電しモーターで走行します。

イ．HSST（High Speed Surface Transport、エイチエスエスティ）

日本で開発された磁気浮上式鉄道で、推進力には、リニア誘導モーターが採用されています。

ウ．ガイドウェイバス

ガイドウェイバスは、高架専用軌道と一般道路を連続して走行します。道路の中央分離帯上に設けた高架専用軌道を、車両の前後輪に取り付けた案内装置の誘導で走り、さらに一般道路では路線バスとして各方面へ運行します。

図　ガイドウェイバスの仕組み

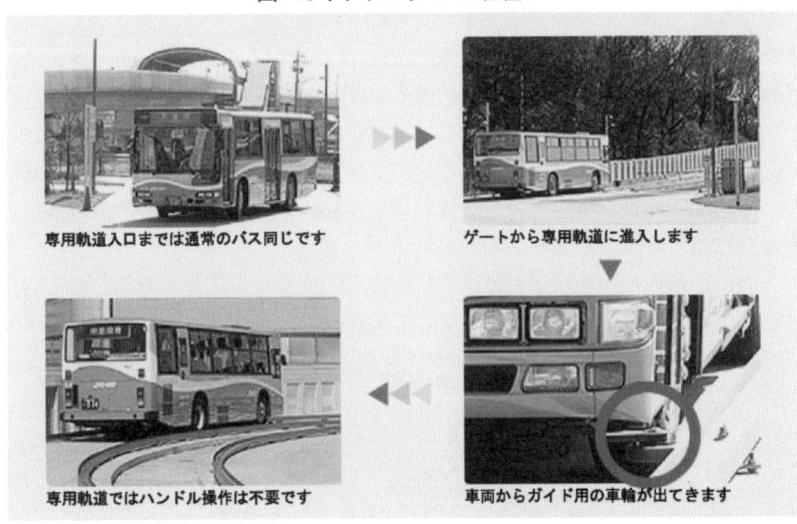

専用軌道入口までは通常のバス同じです
ゲートから専用軌道に進入します
専用軌道ではハンドル操作は不要です
車両からガイド用の車輪が出てきます

出典　国土交通省

都市計画決定した新交通システム等は次の9路線があります。

① 東京都交通局・日暮里・舎人ライナー　9.8km
② ㈱ゆりかもめ・東京臨海新交通臨海線（ゆりかもめ）　14.7km
③ 横浜新都市交通㈱・金沢シーサイドライン　10.6km
④ 大阪市交通局・南港ポートタウン線（ニュートラム）　7.9km
⑤ 神戸新交通㈱・ポートアイランド線（ポートライナー）　10.8km
　　　　　　　　六甲アイランド線（六甲ライナー）　4.5km
⑥ 広島高速交通㈱・広島新交通1号線（アストラムライン）　18.4km
⑦ 愛知高速交通㈱・東部丘陵線（リニモ）　8.9km（HSST）
⑧ 名古屋ガイドウェイバス㈱・ガイドウェイバス志段味線（ゆとりーとライン）　6.5km

都市モノレール、新交通システム、HSST、ガイドウェイバスについては、

都市高速鉄道として都市計画に定めます。都市モノレール等のインフラストラクチャー部分について、国庫補助を受け道路として整備する場合には、都市高速鉄道の都市計画とあわせて、運行に必要な基本的施設（本線部、支線部、乗降施設）のすべてを、特殊街路の都市モノレール専用道等として都市計画に定めます。

都市モノレール等の経営は軌道法に基づいて行われます。ただし、ガイドウェイバスの道路走行区間では、道路運送法の適用を受けます。

(vi) 大規模宅地開発関連の鉄道（宅鉄法）

東京都秋葉原から茨城県筑波まで首都圏北東部を縦断する鉄道「つくばエクスプレス」と、沿線の大規模宅地開発をセットで行うため、「大都市地域における宅地開発及び鉄道整備の一体的推進に関する特別措置法」（以下「宅鉄法」といいます。）が平成元年（1989年）に制定されました。この法律の目的は、新たな鉄道の整備により大量の住宅地の供給が促進されると見込まれる地域において宅地開発及び鉄道整備を一体的に推進し、大量の住宅地の円滑な供給と新たな鉄道の着実な整備を図るものです。

この法律は大都市地域における著しい住宅地需要に対応するため、首都圏、近畿圏、中部圏において適用できることとなっています。しかし大都市地域の住宅地需要減少の問題があり、つくばエクスプレス以後の適用例はありません。

宅鉄法が適用されると、土地区画整理事業の特例制度（都市計画決定された都市高速鉄道の用地確保のため、換地特例が適用される鉄道施設区）や、関係地方公共団体による鉄道事業者に対する出資、補助、貸付け等の助成を行うことができます。宅鉄法に基づく区画整理を一体型土地区画整理事業と呼びます。

なお、つくばエクスプレス（路線総延長　秋葉原・つくば間58.3km、最高速度130km／h・通常125km／h）は、平成17年（2005年）8月に開業しました。宅地開発については、17地区約2,900haの土地区画整理事業が実施されています。

(vii) 交通結節施設Ⅰ（都市鉄道等利便増進法）

鉄道駅周辺における交通結節施設の整備、鉄道新線の建設等の速達性向上事業を行うため、都市鉄道等利便増進法が平成17年（2005年）に制定されました。

ア．目的

この法律は、既存の都市鉄道施設を有効活用しつつ行う都市鉄道利便増進事業を円滑に実施し、あわせて交通結節機能の高度化を図ることを目的としています。都市鉄道とは、大都市圏（首都圏、近畿圏、中部圏の既成市街地・近郊整備地帯等とその周辺の地域、政令指定市とその周辺の地域）における旅客輸

送の用に供する鉄道（軌道を含みます。）をいいます。

イ．基本方針

　国土交通大臣は、都市鉄道等の利用者の利便の増進のための基本的な方針（以下「基本方針」といいます。）を定め、公表します。

ウ．整備構想及び営業構想

　速達性向上事業を行おうとする者は、整備構想、営業構想を作成して、国土交通大臣の認定を申請します。国土交通大臣は、認定をしたときは、これを公表します。速達性向上事業とは、既存の都市鉄道施設の間を連絡する新線の建設その他の都市鉄道施設の整備・営業により、目的地に到達するまでに要する時間の短縮を図る事業をいいます。

エ．速達性向上計画

　認定された構想の事業者は、速達性向上事業に関する計画である速達性向上計画を作成して、国土交通大臣の認定を申請します。国土交通大臣は、基本方針、鉄道事業法の基準に基づき、特許を要する計画については運輸審議会に諮り、認定をします。速達性向上計画の認定を受けた者は、認定速達性向上計画に従い、速達性向上事業を実施しなければなりません。

オ．速達性向上事業の実施の要請

　地方公共団体は、鉄道事業者等に対して、速達性向上事業の実施の要請をすることができます。この場合、計画の素案を作成して、提示しなければなりません。

　交通環境の改善に資する事業を行う特定非営利活動法人、一般社団・財団法人、鉄道事業者等は、地方公共団体に対して、上述の要請をすることを提案することができます。この場合、計画の素案を作成して、提示しなければなりません。

カ．交通結節機能高度化構想

　都道府県は、交通結節機能高度化構想を作成して、国土交通大臣に協議し、同意を求めることができます。

　交通結節機能高度化構想には、駅施設の整備及び駅周辺施設の整備の概要を記載しなければなりません。駅周辺施設とは、駅周辺にあり、当該駅の利用の円滑化に資する通路、道路、駅前広場その他の交通広場（エレベーター、エスカレーターその他の設備を含みます。）、自動車駐車場、自転車駐車場、自動車ターミナルをいいます。

キ．協議会

　同意を得た都道府県は、駅施設の整備を駅周辺施設の整備と一体的に行うために必要な協議を行うための協議会を組織することができます。

ク．交通結節機能高度化計画

　協議会において、交通結節機能高度化計画を作成したときは、構成員は共同で、国土交通大臣の認定を申請することができます。

ケ．駅施設・駅周辺施設の整備

　認定交通結節機能高度化計画において駅施設・駅周辺施設の整備を行うこととされた者は、計画に従い、駅施設・駅周辺施設の整備を行わなければなりません。

コ．交通結節機能高度化構想の提案

　鉄道事業者、駅周辺施設の整備を行おうとする者、市町村、交通結節施設の利用に関し利害関係を有する者は、都道府県に対して、交通結節機能高度化構想を作成することを提案することができます。この場合、構想の素案を作成して、提示しなければなりません。

　大臣認定を受けた速達性向上計画は2件あります。

① ㈱鉄道建設・運輸施設整備支援機構と相模鉄道㈱は、平成18年11月神奈川県央部（海老名・湘南台駅）・横浜副都心（二俣川・鶴ヶ峰駅）～東京都心（渋谷・新宿駅方面）を結ぶ連絡線整備及び相互直通運転の実施に関する速達性向上計画の大臣認定を受けました。

　この計画は、相鉄線西谷駅（横浜市保土ヶ谷区）とJR東海道貨物線横浜羽沢駅付近（横浜市神奈川区）間に新設される約2.7kmの連絡線を鉄道・運輸機構が整備・保有し、相鉄がこれを使用して相鉄線とJR線との相互直通運転を行うものです。相鉄・JR相互直通運転の実現により、神奈川県央部・横浜副都心と東京都心が乗換え無しでつながることにより所要時間も大幅に短縮することが可能になります。

② ㈱鉄道建設・運輸施設整備支援機構と相模鉄道㈱及び東京急行電鉄㈱は、平成19年4月速達性向上計画について認定を受けました。

　この計画は、JR東日本東海道貨物線横浜羽沢駅付近（横浜市神奈川区）から東急東横線日吉駅（横浜市港北区）間に約10.0kmの連絡線（相鉄・東急直通線）を新設するものです。この連絡線は鉄道・運輸機構が整備・保有し、相鉄及び東急がこの連絡線を使用して営業し、鉄道・運輸機構と相鉄が速達性向上計画の認定を受けている連絡線（相鉄・JR直通線）と接続して活用することで、相鉄線と東急線との相互直通運転を行うものです。この連絡線は、神奈川県央部及び横浜副都心から東京都心部へ直結する新たな路線となります。

図　速達性向上計画

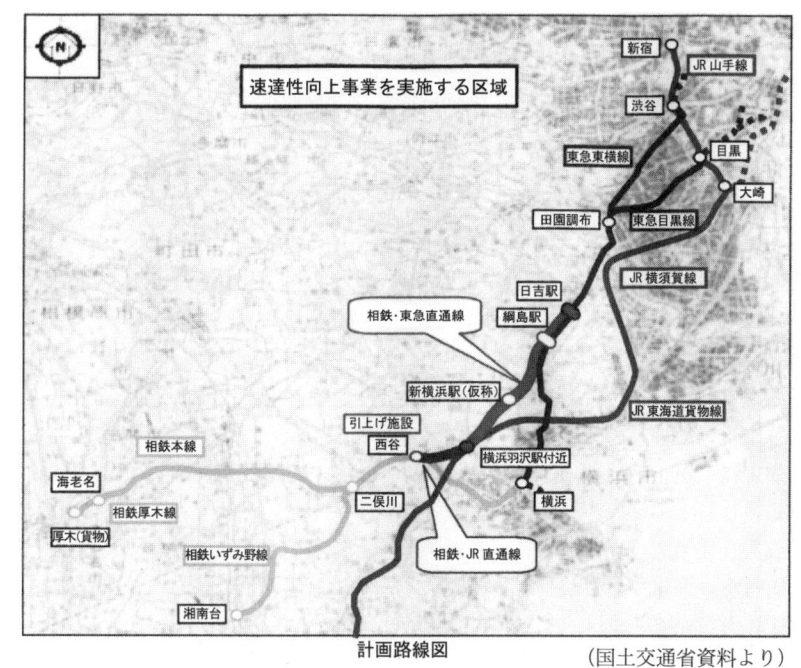

計画路線図　　　　　（国土交通省資料より）

(ⅷ) 交通結節施設Ⅱ（バリアフリー新法）

　公共交通機関と駅周辺等の交通結節施設、建築物その他の施設のバリアフリー化を図るための法律「高齢者、障害者等の移動等の円滑化の促進に関する法律」（平成18年6月）（以下「バリアフリー新法」といいます。）が制定されました。

ア．目的

　公共交通機関の旅客施設及び車両等、道路、駅前広場、通路、路外駐車場、公園並びに建築物の構造及び設備を改善するための措置等を講じます。このことにより、高齢者、障害者等の日常生活及び社会生活における移動上及び施設の利用上の利便性及び安全性の向上の促進を図ります。

イ．基本方針

　国土交通大臣は、移動等円滑化の促進に関する基本方針を定めます。

ウ．基準適合義務等

　以下の施設について、新設等に際し移動等円滑化基準（省令で定める基準）に適合させる義務があります。

・旅客施設及び車両等

- 一定の道路（努力義務はすべての道路）
- 一定の路外駐車場
- 都市公園の一定の公園施設（園路等）
- 特別特定建築物（百貨店、病院、福祉施設等の不特定多数又は主として高齢者、障害者等が利用する建築物）

特別特定建築物でない特定建築物（事務所ビル等の多数が利用する建築物）の建築等に際し移動等円滑化基準に適合させる努力義務があります。（地方公共団体は条例により義務化することが可能です。）

エ．重点整備地区における移動等の円滑化の重点的・一体的な推進

市町村は、重点整備地区について移動等円滑化基本構想を作成することができます。

基本構想では、高齢者、障害者等が生活上利用する旅客施設、官公庁施設、福祉施設等の施設の所在する一定の地区を重点整備地区として指定します。基本構想に重点整備地区内の施設や経路の移動等の円滑化に関する基本的事項等を記載します。

公共交通事業者、道路管理者、路外駐車場管理者、公園管理者、特定建築物の所有者、公安委員会が、基本構想に沿って事業計画を作成し、事業を実施する義務を負います。

オ．移動等円滑化経路協定

重点整備地区内の土地の所有者等は、移動等の円滑化のための経路の整備又は管理に関する協定を締結することができます。

(5) 駅前広場

鉄道駅の駅前では、複数の交通機関間の乗り継ぎが円滑に行えるよう、必要に応じ駅前広場を設けます。連続する幹線街路と一体となって交通を処理するので、駅前広場は道路の一部として都市計画に定めます。

駅前広場は、交通の結節点として交通を処理する「交通空間機能」と、都市の広場として拠点形成、交流、景観等によって構成される「環境空間機能」を持ちます。

ア．交通空間機能

駅前広場は、限られた空間のなかで各種乗降場、駐車場を設置し、これらの施設と周囲の施設（鉄道駅、自由通路、周辺歩道、周辺建物）を相互に結ぶ歩行者空間を設置します。交通空間機能を担う主な施設は次のものがあり、このなかから必要な施設を駅前広場に導入します。

- 歩道
- 車道

- バス乗降場（観光バス、路面電車乗降場を含みます。）
- タクシー乗降場（タクシープール（タクシーの待機場所）を含みます。）
- 自動車駐車場（送迎用、パークアンドライド（最寄り駅まで自動車でアクセスし駅に近接した駐車場に駐車し、公共交通機関に乗り換えて、目的地に行く方法です。）用施設を含みます。）
- キスアンドライド（通勤・通学する家族を自動車で最寄り駅まで送り迎えする方法です。）用施設

　周辺の土地利用が高度に行われ平面的に土地の確保が難しい場合、あるいは歩行者と車両との交錯をなくした歩行者空間の形成を図ることが望ましい場合には、交通広場を立体的に整備します。具体的には歩行者空間をデッキレベルか地下に設けること、又は自動車駐車場・自転車駐車場を地下に整備することが考えられます。

イ．環境空間機能

　駅前広場は、都市の玄関口や人々の交流の場としての「都市の広場」の役割を担っています。

　環境空間機能には、
① 都市又は地域の拠点を広場周囲に形成する「市街地拠点機能」
② 憩い、集い、イベントの場としての「交流機能」
③ 都市の顔・景観形成の場としての「景観機能」
④ 公共的サービスと情報提供の場としての「サービス機能」
⑤ 防災活動の拠点の場としての「防災機能」
などがあります。

(6) 駐車場

　駐車場には、自動車駐車場と自転車駐車場があります。

(i) 自動車駐車場

　自動車駐車場は、「3．6　交通に関連する土地利用制度　(1)駐車場整備地区」で述べた路外駐車場のうち、公共が主体となって整備する駐車場を都市計画に定めます。

　駐車場は、道路と一体となって円滑な自動車交通を支える都市施設です。道路の効用を保持し、円滑な道路交通を確保するため、次のような地区において駐車場の整備が必要と考えられます。

- 商業・業務地区等で都市機能が集積し、自動車交通がふくそうしている地区
- パークアンドライド等の交通結節機能を強化すべき鉄道駅の周辺地区
- 面的整備事業の実施地区で、増加する駐車需要に対応する必要がある地区

- フリンジパーキング（都心へ流入する自動車を都心の外周部で受けることにより、歩行者、自転車及び公共交通機関を優先する都心空間の形成に資する駐車場）を設置すべき中心市街地外縁地区

（駐車場案内システム）

既存の駐車場の有効活用、道路交通の円滑化などを目的として、ドライバーにリアルタイムで駐車場の空き情報等を提供するシステムが、「駐車場案内システム」です。駐車場案内システムの主要部分は、道路の付属物として整備されます。情報は次の手段などで発信されます。

- 道路路側の案内板による情報提供
- VICS（道路交通情報通信システム）による情報提供
   駐車場情報をリアルタイムでカーナビゲーション（VICS対応）に送ります。
- 電話、ファクシミリによる情報提供
   駐車場の空き情報を利用者の出発前に電話による音声、又はファクシミリで案内します。
- インターネットによる情報提供

(ii) 自転車駐車場（自転車法）

自転車駐車場は、一般には駐輪場と呼ばれている施設です。

自転車駐車場の整備責任についての基本的な考え方が、「自転車の安全利用の促進及び自転車等の駐車対策の総合的推進に関する法律」（昭和55年11月）（以下「自転車法」といいます。）に整理されていますので、法律の概要を以下に述べます。

ア．目的

自転車に係る道路交通環境の整備、自転車の安全性の確保、自転車等の駐車対策の総合的推進を図ります。

イ．自転車等の駐車対策

地方公共団体又は道路管理者は、通勤、通学、買物等のための自転車等の駐車需要の著しい地域においては、自転車等駐車場の設置に努めるものとします。

鉄道事業者は、地方公共団体又は道路管理者から鉄道駅の周辺における自転車等駐車場の設置に協力を求められたときは、その事業との調整に努め、鉄道用地の譲渡、貸付け等により、自転車等駐車場の設置に積極的に協力しなければなりません。

官公署、学校、図書館、公会堂等公益的施設の設置者及び百貨店、スーパーマーケット、銀行、遊技場等自転車等の大量の駐車需要を生じさせる施設の設置者は、その施設の利用者のための自転車等駐車場を、施設内又はその周辺に

設置するように努めなければなりません。地方公共団体は、一定の地域で、自転車等の大量の駐車需要を生じさせる施設を新築しようとする者に対し、自転車等駐車場を設置する義務を、条例で定めることができます。

都道府県公安委員会は、歩行者及び自転車利用者の通行の安全を確保するための計画的な交通規制の実施を図るものとします。

地方公共団体、道路管理者、都道府県警察、鉄道事業者等は、駅前広場等について、相互に協力して、道路に駐車中の自転車等の整理、放置自転車の撤去に努めるものとします。

ウ．総合計画

市町村は、自転車等の駐車対策を総合的かつ計画的に推進するため、自転車等の駐車対策に関する総合計画（以下「総合計画」といいます。）を定めることができます。

総合計画は、都市計画その他法律の規定による地域の交通に関する計画との調和が保たれたものでなければなりません。

総合計画において自転車等駐車場の設置主体となった者及び設置協力鉄道事業者となった者は、総合計画に従って必要な措置を講じなければなりません。

(7) 自動車ターミナル（自動車ターミナル法）

自動車ターミナル法にいう自動車ターミナルとは、旅客の乗降又は貨物の積卸しのため、自動車運送事業の事業用自動車を同時に2両以上停留させることを目的として設置した施設をいいます。自動車ターミナルには、バスターミナルとトラックターミナルがあります。

「バスターミナル」とは、一般乗合旅客自動車運送事業（路線バス、定期観光バス、長距離高速バス等）の用に供する自動車ターミナルをいいます。バス事業者に有償で利用させる「一般バスターミナル」と、自社の事業用バスのみに利用させる「専用バスターミナル」の2種類があります。

バスターミナルは、交通結節点機能を重視し、位置、規模、道路との整合性を検討し、一定規模（おおむね500㎡）以上のものを都市計画に定めます。

「トラックターミナル」とは、「特積トラック（特別積合せ貨物自動車）が利用するための施設で、特積トラックと集配車、あるいは特積トラックと特積トラック間における貨物の積替えを行うための施設」です。自社専用の「専用トラックターミナル」とそれ以外の「一般トラックターミナル」があります。

特別積合せ貨物自動車運送事業とは、不特定多数の荷主の貨物を積み合わせてターミナル間での幹線輸送等を定期的に行うものです。最終目的地に到着するまでに、集荷、発ターミナルでの仕分、幹線輸送、着ターミナルでの仕分、配送といったように、複数の異なるトラック輸送と貨物の積替えを行います。

宅配便はこの事業に含まれます。
　トラックターミナルは、輸送の効率化、自動車交通量の削減、大型トラックの都市内流入削減等の意義を検討し、都市計画に定めます。
(8)　その他の交通施設
　その他交通施設として、空港、軌道、通路、交通広場があります。
　（通路）
　通路は、公共的な通行の用に供する施設で、道路とすることに支障があるものについて都市計画に定めるものです。
　通路の計画に当たっては、他の道路における歩道等と連携し歩行者のネットワークを形成するよう配置することとし、歩行者の交通量や歩行者の溜まりの空間を考慮し、その規模を定めます。鉄道駅や大街区のビルを横断する歩行者空間の存続を担保する場合に活用されています。建築物との複合的な空間となる場合には、立体都市計画制度を活用します。
(9)　交通施設の決定状況
　重要な交通結節施設である駅前広場は、2,962箇所で都市計画決定されています。都市計画区域のある市町村数は1,415ですから、その倍以上が都市計画決定されていることになります。主要駅にはほぼ駅前広場があり、重要な駅では駅を挟んで2箇所ある場合がほとんどです。

表　交通施設の決定状況

施設区分	都市数	計画箇所数	単位	面積・延長 計画	面積・延長 供用（概成を含む）
駅前広場		2,923	m²	12,413,015.4	9,444,698.4
都市高速鉄道	176	355	km	2,250.0	1,784.3
自動車駐車場	216	492	ha	273.7	247.5
自転車駐車場	210	569	ha	66.7	61.4
自動車ターミナル	40	64	ha	189.1	179.2
空港	4		ha	120.1	89.1
軌道	1		km	6.6	4.6
港湾	2		ha	72.7	72.7
通路	13		m	2,310.0	568.0
交通広場	67	104	m²	367,200.0	261,500.0

平成20年3月31日現在　　　　　　　　　　　　　　（国土交通省資料より）

5.3 公共空地

(1) 公園

公園とは、主として自然的環境のなかで、休息、鑑賞、散歩、遊戯、運動等のレクリエーション及び大震火災等の災害時の避難等の用に供することを目的とする公共空地です。

(i) 公園の機能

公園には次の機能があります。

① 生物の成育・生息環境の保全、生態系を保全することにより、人と自然が共生する都市環境を確保する「環境保全機能」

② 避難地、救護活動拠点、延焼防止などの機能により、都市の安全性を確保する「防災機能」

③ 緑の持つ多様な機能の活用により、余暇空間を確保する「レクリエーション機能」

④ 多様性や四季の変化が心を育み、潤いのある美しい景観を形成する「都市景観構成機能」

⑤ 歴史・文化財と一体となった空間の保全により、個性ある誇りの持てる都市を実現する「歴史文化保全機能」

公園は都市計画事業により整備された後、都市公園法により維持管理されます。

(ii) 公園の種別

公園の種別は次のとおりです。

① 住区基幹公園

・街区公園―主として街区に居住する者の利用に供することを目的とする公園です。誘致距離250ｍの範囲内で1箇所当たり面積0.25haを標準として配置します。

・近隣公園―主として近隣に居住する者の利用に供することを目的とする公園です。近隣住区当たり1箇所を誘致距離500ｍの範囲内で、1箇所当たり面積2haを標準として配置します。

・地区公園―主として徒歩圏内に居住する者の利用に供することを目的とする公園です。誘致距離1kmの範囲内で1箇所当たり面積4haを標準として配置します。

② 都市基幹公園

・総合公園―都市住民全般の休息、観賞、散歩、遊戯、運動等総合的な利用に供することを目的とする公園です。都市規模に応じ1箇所当たり面積

10～50haを標準として配置します。
- 運動公園—都市住民全般の主として運動の用に供することを目的とする公園です。都市規模に応じ1箇所当たり面積15～75haを標準として配置します。

図　公園の配置モデル

住区レベル（1近隣住区）
標準面積：100ha（1km×1km）
標準人口：10,000人
街区公園4箇所
近隣公園1箇所

街区公園：標準面積0.25ha　誘致距離250m
近隣公園：標準面積2ha　誘致距離500m

地区レベル（4近隣住区）
標準面積：400ha
標準人口：40,000人
街区公園16箇所
近隣公園4箇所
地区公園1箇所

地区公園：標準面積4ha　誘致距離1km

（参考）都市レベル

総合公園　標準面積10～50ha
運動公園　標準面積15～75ha
都市の規模に応じて配置

出典　国土交通省

③　大規模公園
- 広域公園—主として一の市町村の区域を超える広域のレクリエーション需要を充足することを目的とする公園です。地方生活圏等広域的なブロック単位ごとに1箇所当たり面積50ha以上を標準として配置します。

④ 特殊公園
- 風致公園―主として風致の享受の用に供することを目的とする公園
- 動物公園、植物公園、歴史公園その他特殊な利用を目的とする公園

⑤ 国営公園
　国が設置する公園又は緑地は、以下の2種類です。
イ　一の都府県の区域を超えるような広域の見地から設置する都市計画施設である公園又は緑地（ロに該当するものを除く。）（以下「イ号公園」といいます。）
ロ　国家的な記念事業として、又は我が国固有の優れた文化的資産の保存及び活用を図るため、閣議の決定を経て設置する都市計画施設である公園又は緑地（以下「ロ号公園」といいます。）

　国が設置する都市公園（ロ号公園を除く。）の配置、規模、位置及び区域の選定並びに整備の基準は以下のとおりです。

表　国営公園の基準

区分	広域防災公園（災害時に広域的な災害救援活動の拠点となるものとして国が設置する都市公園）	国が設置するその他の都市公園
配置	大規模な災害により国民経済上重大な損害を生ずるおそれがある区域として国土交通省令で定める都道府県の区域ごとに1箇所配置すること。	一般の交通機関による到達距離が200kmを超えない土地の区域を誘致区域とし、かつ、周辺の人口、交通の条件等を勘案して配置すること。
規模	災害時において物資の調達、配分及び輸送その他の広域的な災害救援活動を行うのに必要な規模以上とすること。	おおむね300ha以上とすること。
位置及び区域の選定	災害時における物資の調達及び輸送の利便性を勘案して、広域的な災害救援活動の拠点としての機能を効率的に発揮する上で適切な土地の区域とすること。	できるだけ良好な自然的条件を有する土地又は歴史的意義を有する土地を含む土地の区域とすること。
公園施設の整備	広域的な災害救援活動の拠点としての機能を適切に発揮するため、広場、備蓄倉庫その他必要な公園施設を、大規模な地震に対する耐震性を有するものとして整備すること。	良好な自然的条件又は歴史的意義を有する土地が有効に利用されるように配慮し、当該都市公園の誘致区域内にある他の都市公園の公園施設の整備状況を勘案して、多様なレクリエーションの需要に応ずることができるように公園施設を整備すること。

（国土交通省資料より）

図　国営公園の位置図

国営滝野すずらん丘陵公園（昭和58年7月）
国営みちのく杜の湖畔公園（平成元年8月）
国営越後丘陵公園（平成10年7月）
国営ひたち海浜公園（平成3年10月）
国営アルプスあづみの公園（平成16年7月）
淀川河川公園（昭和52年3月）
国営明石海峡公園（平成14年3月）
国営武蔵丘陵森林公園（昭和49年7月）
国営備北丘陵公園（平成7年4月）
国営東京臨海広域防災公園　未供用
国営海の中道海浜公園（昭和56年10月）
国営昭和記念公園（昭和58年10月）
国営木曽三川公園（昭和62年10月）
国営讃岐まんのう公園（平成10年4月）
国営飛鳥・平城宮跡歴史公園（飛鳥区域：昭和49年7月）（平城宮跡区域：未供用）
国営吉野ヶ里歴史公園（平成13年4月）
国営沖縄記念公園（海洋博覧会地区：昭和51年8月）（首里城地区：平成4年11月）

全国の国営公園位置図

※公園名の下の（　）内は開園年月です。
（平成20年10月現在）

出典　国土交通省

(iii) 都市計画

都市緑地法に規定されている「緑地の保全及び緑化の推進に関する基本計画（緑の基本計画）」に、「都市公園の整備の方針」を定め、これに基づいて公園の都市計画を進めます。

市街化区域においては少なくとも道路、公園及び下水道を定めることとされていますが、公園については街区公園、近隣公園、地区公園、総合公園及び運動公園を定めます。

市街化調整区域においては、市街化調整区域に配置する方が必要な面積の確保に有効な場合、又は公園として活用する自然的環境が市街化調整区域に存在する場合は、総合公園、運動公園を定めます。広域公園は一の市町村を超える広域的な観点から区域区分の別にかかわらず必要な位置に定めます。

(iv) 公園施設

都市公園に設置できる公園施設は、次の施設です。

・園路及び広場
・植栽、花壇、噴水等の修景施設

- 休憩所、ベンチ等の休養施設
- ぶらんこ、すべり台、砂場等の遊戯施設
- 野球場、陸上競技場、水泳プール等の運動施設
- 植物園、動物園、野外劇場等の教養施設
- 売店、駐車場、便所等の便益施設
- 門、さく、管理事務所等の管理施設
- その他都市公園の効用を全うするための施設

公園の決定状況は下表のとおりですが、住区基幹公園は箇所数が多く、供用率が高くなっています。一方、特殊公園、広域公園は供用率が低くなっています。

表　公園の決定状況

区分	計画 箇所数	計画 面積 (ha)	供用 箇所数	供用 面積 (ha)	供用率(面積) (%)
街区公園	31,387	7,717.38	29,686	7,147.45	92.6
近隣公園	4,572	9,060.33	3,909	7,119.60	78.6
地区公園	1,202	6,981.98	1,075	5,517.50	79.0
総合公園	1,268	34,618.75	1,158	21,848.61	63.1
運動公園	623	12,288.31	585	9,193.78	74.8
風致公園	376	9,642.61	318	5,364.30	55.6
特殊公園	301	4,108.65	262	2,147.80	52.3
広域公園	219	26,080.90	202	13,174.98	50.5
合計	39,948	110,498.91	37,195	71,514.02	64.7

平成20年3月31日現在　　　　　　　　　　（国土交通省資料より）

(2) 緑地

緑地とは、主として自然的環境を有し、環境の保全、公害の緩和、災害の防止、景観の向上、及び緑道の用に供することを目的とする公共空地です。

緑地は整備後、都市公園法に基づいて維持管理されます。

緑地の種別は次のとおりです。

(i) 緩衝緑地

大気汚染、騒音、振動、悪臭等の公害の防止・緩和若しくはコンビナート地帯等の災害の防止を図ることを目的とする緑地です。公害・災害発生源地域と住居地域、商業地域等とを分離遮断するため、公害・災害の状況及び将来予測に応じ配置します。

(ⅱ) 都市緑地

主として都市の自然的環境の保全並びに改善、都市の景観の向上を図るために設けられる緑地です。1箇所当たり面積0.1ha以上を標準として配置します。ただし、既成市街地等において良好な樹林地等がある場合、あるいは植樹により都市に緑を増加又は回復させ都市環境の改善を図るために緑地を設ける場合にあってはその規模を0.05ha以上としています。

(ⅲ) 緑道

災害時における避難路の確保、都市生活の安全性及び快適性の確保等を図ることを目的としています。近隣住区内又は近隣住区相互を連絡するように設けられ、植樹帯、歩行者路、自転車路等からなる緑地です。幅員10～20mを標準として、公園、学校、ショッピングセンター、駅前広場等を相互に結ぶよう配置します。

なお、緑道は建築基準法上の道路ではないので、緑道に接していても建築に必要な接道義務を満たしたことにはなりません。

(3) 広場

広場とは、主として歩行者等の休息、鑑賞、交流等の用に供することを目的とする公共空地です。

広場は、設置目的、利用者の行動、周辺の土地利用等を勘案して規模を計画します。

広場は、次のような場所に配置することが考えられます。

- 周辺の建築物の用途が、おおむね商業施設、業務施設、文教厚生施設、官公庁施設である地区
- 観光資源等が存在し、多数の人が集中する地区
- 交通の結節点あるいは多数の人が利用する都市施設の近傍又は歩行者の多い道路の沿道
- 都市の象徴又は記念の目的に供する場所あるいは都市景観の向上に著しい効果が認められる場所

なお、広場は建築基準法上の道路ではないので、広場に接していても建築に必要な接道義務を満たしたことにはなりません。

(4) 墓園

墓園とは、自然的環境を有する静寂な土地に設置し、主として墓地の設置の用に供することを目的とする公共空地です。

墓園の規模については、墓園が緑地の系統的な配置の一環であることから、十分な樹林地等の面積が確保される相当の面積を定めます。

墓園の配置については、次の事項を考慮します。

- 市街地に近接せず、かつ、将来の発展を予想し市街化の見込みのない位置であって、交通の利便のよい土地に配置します。
- 主要な道路、鉄道及び軌道が区域内を通過又は接しないよう配置します。ただし、やむを得ず通過又は接する場合は、樹林により遮蔽するなどして墓地と隔離します。
- 環境保全系統の一環となるよう配置し、既存樹林等による風致を維持するとともに、必要に応じて防災系統の一環となるよう配置します。

(5) 公共空地の決定状況

表　公共空地の決定状況

施設区分	都市数	箇所数 計画	箇所数 供用(概成を含む)	面積 計画 (ha)	面積 供用(概成を含む) (ha)
緑地	615	2,464	2,161	57,307.3	17,198.7
広場	29	36	31	39.7	36.2
墓園	233	311	279	6,230.5	3,865.0
その他の公共空地	20	28	25	149.1	143.1

平成20年3月31日現在　　　　　　　　　　　　　　　　　(国土交通省資料より)

　都市公園の整備は欧米諸国と比較すると遅れているものの、着実に進ちょくしています。一人当たり都市公園等面積の目標は、中期で10㎡／人、長期で20㎡／人ですが、中期目標の達成が間近になっています。

表　一人当たり都市公園等面積

年度末	㎡／人
S35	2.1
S45	2.7
S50	3.4
S55	4.1
S60	4.9
H2	5.8
H7	7.1
H12	8.1
H17	9.1
H18	9.3
H19	9.4

(国土交通省資料より)

都市規模別に見ると、都市公園面積率は大都市が高く、一人当たり都市公園面積は大都市ほど低くなっています。

表　都市規模別市街地に対する都市公園面積率

人口規模	％
100万人以上	5.2
50－100万人	3.8
30－50万人	3.6
20－30万人	3.6
10－20万人	3.4
10万人未満	3.1
全国	3.6

平成20年3月31日現在　（国土交通省資料より）

市街地とは、市街化区域＋非線引きの都市計画区域における用途地域で、都市公園面積率とは、市街地面積に対する都市公園面積の割合です。

表　都市規模別一人当たり都市公園等面積

人口規模	m^2／人
100万人以上	5.9
50－100万人	8.1
30－50万人	9.3
20－30万人	8.8
10－20万人	9.7
10万人未満	12.8
全国	9.4

平成20年3月31日現在　（国土交通省資料より）

5.4　供給処理施設

(1)　下水道

　下水道は、下水を排除するために設けられる排水管、排水渠その他の排水施設、これに接続して下水を処理するために設けられる処理施設、これらの施設を補完するために設けられるポンプ施設等の施設の総体をいいます。下水とは、生活や事業に起因する汚水と、雨水をいいます。

(ⅰ)　下水道の機能

ア．汚水排除

し尿等の汚水を衛生的に収集し、公衆衛生を改善します。
イ．浄化
汚水を処理し、公共用水域の水質汚濁を防止します。
ウ．内水排除
都市部に降った雨水を河川等に放流し、水害を防止します。
(ⅱ) 下水道の種類
　下水道は、下水道法に基づいて運営されます。下水道法では次の4種類の下水道が規定されています。
ア．公共下水道
　主として市街地における下水を排除・処理するために市町村が管理する下水道で、終末処理場を有するもの又は流域下水道に接続するものです。個別の終末処理場を持つ単独公共下水道と、処理を流域下水道へ任せる流域関連公共下水道があります。
イ．流域下水道
　公共下水道により排除される下水を排除・処理するために、都道府県が管理する下水道で、2以上の市町村の区域における下水を排除し、終末処理場を有するものです。
ウ．雨水流域下水道
　公共下水道により排除される雨水を河川等に放流するために地方公共団体が管理する下水道で、2以上の市町村の区域における雨水を排除し、雨水の流量調節施設を有するものです。
エ．都市下水路
　市街地における雨水を排除するために市町村が管理している下水道です。外観は小規模河川そのものです。
(ⅲ) 排除の方式
　排除とは、下水管へ水を流し込む行為をいいます。排除の方式は、雨水と汚水の流路での流し方が異なる次の2種類があります。
ア．合流式下水道
　汚水と雨水を同じ水路で集め、まとめて浄化処理して放流するものです。比較的早い時期に整備を開始した大都市地域に見られます。埋設する管路が合流管1本なので、分流式より施工が容易で安価です。しかし、降雨時は急増した下水を未処理又は簡易処理のみで放流するため、混入している汚水による水質汚濁が生じます。現在では、この水質汚濁対策が急務となっています。
イ．分流式下水道
　汚水と雨水を別の水路で集め、雨水はそのまま、汚水は浄化処理して放流す

るものです。現在新設される下水道ではほぼすべてがこの方式です。
(iv) 都市計画
　下水道は、都市活動を支える上で必要不可欠な施設であり、積極的に都市計画に定めます。市街化区域においては、全域に下水道を定めます。市街化調整区域においても、下水道は市街化を促進するおそれが少ないものと考えられるので、現に集落があり生活環境を保全する必要がある場合等については下水道を定めます。

表　下水道の決定状況

施設区分	延長 計画	供用（概成を含む）
	m	m
公共下水道	108,010,633	82,979,375
都市下水路	1,786,816	1,496,211
流域下水道	16,518,329	14,172,260

平成20年3月31日現在　　　　（国土交通省資料より）

　下水道処理人口普及率は全国で72％になりました。大都市では高いものの、中小都市では低い普及率にとどまっています。

表　都市規模別下水道整備状況

人口規模	総人口（万人）	下水道処理人口（万人）	都市数	下水道処理人口普及率（％）
100万人以上	2,751	2,710	12	98
100−50万人	1,036	848	15	82
50−30万人	1,743	1,371	45	79
30−10万人	3,052	2,148	189	70
10−5万人	1,941	1,101	279	57
5万人未満	2,185	932	1,254	43
全国	12,707	9,111	1,794	72

平成20年3月31日現在　　　　（国土交通省資料より）

(2) 汚物処理場、ごみ焼却場その他の廃棄物処理施設
　廃棄物処理施設の都市計画決定に当たっては、その手続のなかで、他の都市計画との計画調整や関係者間の合意形成が図られ、より円滑に整備することが

可能となります。

廃棄物処理法第5条の5に規定する都道府県廃棄物処理計画又は都市計画区域マスタープランに位置付けられた施設を始め、恒久的かつ広域的な処理を行うものについては、都市計画決定します。

(3) 地域冷暖房施設

地域冷暖房施設の都市計画決定に当たっては、効率的な熱供給、良好な都市環境の形成等の観点から、土地利用及び熱需要の見込み、気象特性、未利用エネルギーの活用の可能性等を勘案して供給区域を設定し、管路、熱発生施設等の配置、規模等を定めます。特に、市街地開発事業を行う場合には、当該区域への効率的な熱供給をするための地域冷暖房施設の必要性等について検討を行うことが望ましいといえます。

このほか、供給施設としては、下水処理水の保有熱、ごみ焼却場の廃熱等の未利用エネルギーを回収し都市のエネルギーとして活用する施設が考えられます。

表　供給処理施設の決定状況

施設区分	都市数	単位	箇所数 計画	箇所数 供用（概成を含む）	面積・延長 計画	面積・延長 供用（概成を含む）
汚物処理場	532	ha	581	555	1,679.1	1,298.5
ごみ焼却場	616	ha	782	722	2,253.5	1,969.8
地域冷暖房施設	24	m²	85		377,863.0	295,603.0
ごみ処理場等	357	ha	427	389	1,411.2	1,135.6
ごみ運搬用管路	8	m	8	7	45,960.0	31,848.0

平成20年3月31日現在　　　　　　　　　　　　　　　　　（国土交通省資料より）

5.5 河川

(1) 河川の都市計画決定

河川はその整備により市街地の安全性を向上させるほか、環境、景観、交流、防災等の多様な空間機能を有する施設です。周辺の土地利用や都市施設と機能上密接に関連するため、積極的に都市計画に定めます。特に市街化区域内においては道路、公園、下水道と同様に都市計画決定すべきものと考えられます。市街地開発事業や道路、公園等の都市施設の事業と河川の事業が一体に実施される場合には、その都市計画決定は、原則として同時に行います。

(2) スーパー堤防

　高規格堤防（以下「スーパー堤防」といいます。）の整備は、都市部においては、沿川の市街地に大きな影響を与えるものであり、市街地整備との一体的な推進による良好な市街地形成を図る必要があります。

　スーパー堤防とは、堤防から市街地側に普通の堤防よりはるかに幅の広い範囲にわたって盛土を行う堤防です。堤防の幅の目安は堤防の高さの約30倍です。

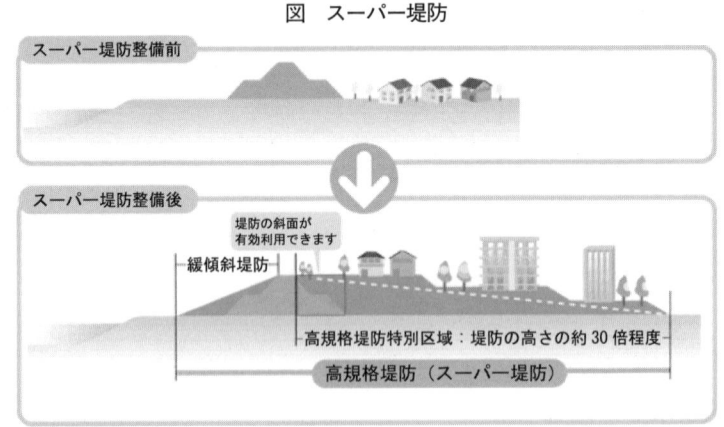

図　スーパー堤防

出典　国土交通省

　スーパー堤防は、堤防が決壊した場合に非常に甚大な被害が予想される全国6河川（利根川、江戸川、荒川、多摩川（以上4河川は関東地方）、淀川、大和川（以上2河川は近畿地方））について、整備が進められています。

　スーパー堤防は、現在の堤防から市街地側に普通の堤防よりはるかに幅の広い範囲にわたって盛土を行う堤防であり、

・越水しても壊れない
・浸透に対しても壊れない
・地震に強い

という特長を持っています。また、河川区域の土地利用には法律で厳しい規制がありますが、スーパー堤防では裏法肩から法尻までが高規格堤防特別区域に指定され、上面は通常の土地利用が自由に行えるように規制が緩和されています。

(3) スーパー堤防の整備事業

　スーパー堤防の整備事業は、これまで別々に行われてきた治水事業と土地区画整理事業等の市街地整備を一体となって進めることを原則とし、良好な河川環境と市街地を実現しようとするものです。

河川管理者と都市計画側の両者の連携のもとに、高規格堤防等の整備と沿川における市街地整備の一体的な推進についての基本構想を策定し、これに基づき良好な市街地形成のための計画を策定します。スーパー堤防の工事が完了したあとは、高規格堤防特別区域の指定が行われ、土地区画整理事業等の市街地整備がスタートします。
　スーパー堤防の盛土に伴う費用は河川管理者が負担し、施工も河川管理者が行います。また、共通部分の整備等に関する費用は、河川管理者と共同事業者の両者で負担することになります。
　河川事業の従来の方式と違い、用地買収を行わないため、地権者は整備事業完了後も土地を所有することができます。

表　河川等の決定状況

施設区分	都市数	延長 計画	延長 供用（概成を含む）
		km	km
河川	168	1,288.5	688.8
運河	7	83.8	47.0
水路	2	3.0	3.0

平成20年3月31日現在　　　（国土交通省資料より）

5.6　市場、と畜場又は火葬場

表　市場等の決定状況

施設区分	都市数	箇所数 計画	箇所数 供用（概成を含む）	面積 計画	面積 供用（概成を含む）
				ha	ha
市場	280	374	367	1,690.6	1,621.8
と畜場	98	94	87	267.0	255.2
火葬場	606	660	627	986.6	858.0

平成20年3月31日現在　　　（国土交通省資料より）

5.7　一団地の住宅施設

　一団地の住宅施設とは、一団地における50戸以上の集団住宅及びこれらに附帯する通路その他の施設全体をいいます。
　一団地の住宅施設は、良好な居住環境を有する住宅及びその居住者の生活の

利便の増進のため必要な施設を一団の土地に集団的に建設することにより、都市における適切な居住環境の確保及び都市機能の増進を図ることを目的としています。

一団地の住宅施設の都市計画については、以下の項目を計画します。
- 住宅（戸数、住宅形式）
- 建築制限（容積率、建ぺい率等）
- 公共施設及び公益的施設
    ① 道路及び通路
    ② 公園、緑地等
    ③ 上下水道
    ④ 公益的施設（教育文化施設、社会福祉施設、集会所等の公益的施設）
    ⑤ 駐車施設（共同住宅居住者の保有する自動車の保管等のための駐車施設）
    ⑥ その他の附帯施設（自転車置場、ごみ置場等）

建築基準法第86条の6に、総合的設計による一団地の住宅施設についての制限の特例があります。

一団地の住宅施設に関する都市計画においては、第一種・第二種低層住居専用地域については、容積率、建ぺい率、外壁の後退距離及び建築物の高さの基準を別に定めることができます。都市計画に基づき建築物を総合的設計によって建築する場合、特定行政庁が住居の環境の保護に支障がないと認めるときは、一団地の住宅施設に関する都市計画に定めた基準が適用されます。

5.8 一団地の官公庁施設

一団地の官公庁施設とは、一団地の国家機関・地方公共団体の建築物及びこれらに附帯する通路その他の施設をいいます。官公庁の建築物をそれぞれの機能に応じて都市の一定地区に集中的に配置し、これを利用する公衆の利便、公務能率の増進、建築物の不燃化促進、土地の高度利用等を目的としています。

「官公庁施設の建設等に関する法律」第10条により、一団地の官公庁施設に属する国家機関の建築物の営繕及び土地の取得は、国土交通大臣が行います。

官公庁施設の建設については、シビックコア地区整備制度（国土交通省要綱、平成5年3月）があります。「シビックコア地区」とは、官公庁が集団的に立地する地区とその周辺で、民間建築物などとの連携が可能な一定の広がりを持った地区です。関連する都市整備事業との整合を図りつつ、官公庁施設、及び民間建築物などの整備を総合的、かつ一体的に実施すべき地区をいいます。「シビックコア地区」は市町村の策定する整備計画を基に、魅力とにぎわ

いのある都市の拠点となる地区の形成を図ります。

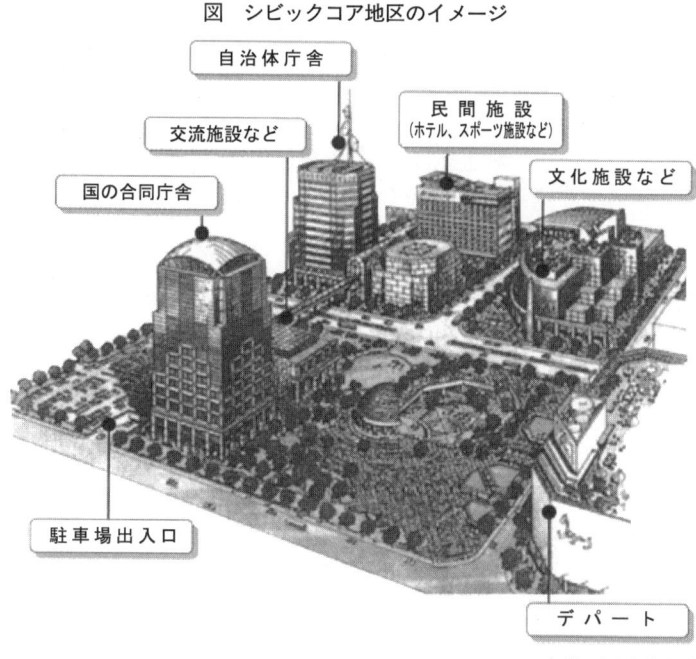

図　シビックコア地区のイメージ

出典　国土交通省

この制度の適用により次の効果が期待できます。
- 官公庁施設と民間建築物等との連携により利用者の利便が向上します。
- 関連する都市整備事業との連携により良好な市街地環境が形成されます。
- 市町村の上位計画等と整合した市街地が形成され、また、地域の特色や創意工夫をいかした地区が形成されます。
- 官公庁施設が先導的役割を果たすことにより、中心市街地の活性化など都市の抱える課題の解決を促進します

さいたま市さいたま新都心、浜松市、那覇市那覇新都心、鶴岡市等18都市で実施されています。

5.9　流通業務団地

流市法第7条により、流通業務団地を定める区域は、流通業務地区内の次に規定する土地でなければなりません。
- 流通業務地区外の幹線道路、鉄道等の交通施設の利用が容易であること。
- 良好な流通業務団地として一体的に整備される自然的条件を備えているこ

と。
- 当該区域内の土地の大部分が建築物の敷地として利用されていないこと。
- 当該区域内において整備されるトラックターミナル、鉄道の貨物駅、中央卸売市場、その他の流通業務施設の敷地が、貨物の集散量及び施設の配置に応じた適正な規模のものであること。

　流通業務団地に関する都市計画においては、トラックターミナル等の流通業務施設の敷地の位置・規模並びに公共施設・公益的施設の位置・規模を定めます。

　流通業務団地に関する都市計画においては、建築物の建築面積の敷地面積に対する割合若しくは延べ面積の敷地面積に対する割合、建築物の高さ又は壁面の位置の制限を定めます。

5.10　各種都市施設の決定状況

表　一団地の施設の決定状況

施設区分	都市数	計画箇所数	計画面積
			ha
一団地の住宅施設	73	228	3,573.2
一団地の官公庁施設	12	12	194.5
流通業務団地	22	26	2,097.6

平成20年3月31日現在　　　　　　（国土交通省資料より）

表　教育文化施設の決定状況

施設区分	都市数	箇所数 計画	箇所数 供用（概成を含む）	面積 計画	面積 供用（概成を含む）
				ha	ha
学校	32	192	188	582.8	557.6
図書館	3	3	3	1.1	1.1
体育館・文化会館等	17	31	30	261.3	260.0

平成20年3月31日現在　　　　　　　　　　　　　（国土交通省資料より）

表 医療福祉施設の決定状況

施設区分	都市数	箇所数 計画	箇所数 供用（概成を含む）	面積 計画	面積 供用（概成を含む）
				ha	ha
病院	12	15	14	61.6	48.7
保育所	13	28	28	3.8	3.8
診療所等	1	1	1	2.7	2.7
老人福祉センター等	17	20	19	46.0	45.9

平成20年3月31日現在　　　　　　　　　　　　（国土交通省資料より）

表 防潮堤等の施設の決定状況

施設区分	都市数	単位	箇所数 計画	箇所数 供用（概成を含む）	面積・延長 計画	面積・延長 供用（概成を含む）
防潮堤	8	km	23	22	19.5	18.3
防火水槽	97	m²	1,146	1,139	24,720	24,529
河岸堤防	1	km	10	10	36.6	36.6
公衆電気通信用施設	1	ha	2	2	1.4	1.4
防水施設	8	m²	16	12	751,500	293,500
地すべり防止施設	1	ha	1		50.7	
砂防施設	10	m²	44	25	16,421,315	2,265,145

平成20年3月31日現在　　　　　　　　　　　　（国土交通省資料より）

第6章 市街地開発事業

　市街地開発事業は、公共施設と宅地等を一体的に整備する面的事業です。都市計画法では7種の事業を市街地開発事業と位置付けています。本章では、これらの事業の仕組みや実施状況を記述します。

6.1　市街地開発事業全般（都市計画法第12条）

(1)　市街地開発事業の種類

　都市計画に、次の事業で必要なものを定めます。
- 土地区画整理事業
- 新住宅市街地開発事業
- 工業団地造成事業
- 市街地再開発事業
- 新都市基盤整備事業
- 住宅街区整備事業
- 防災街区整備事業

　下表の市街地開発事業の決定状況を見ると、土地区画整理事業と市街地再開発事業が、多くの都市で実施されていることがわかります。土地区画整理事業は地区数、面積も大きく、市街地再開発事業は面積はさほど大きくないものの都市の拠点整備に活用されています。

表　市街地開発事業の決定状況

区分	都市数	地区数	計画面積
			ha
土地区画整理事業	1,002	4,858	274,378.4
新住宅市街地開発事業	45	51	15,919.3
工業団地造成事業	43	51	8,403.2
市街地再開発事業	250	831	1,298.1
新都市基盤整備事業	0	0	0.0
住宅街区整備事業	5	6	67.4
防災街区整備事業	2	3	3.7

平成20年3月31日現在　　　　（国土交通省資料より）

(2) **都市計画基準（都市計画法第13条）**

　市街地開発事業は、市街化区域又は区域区分が定められていない都市計画区域内において、一体的に開発し、又は整備する必要がある土地の区域について定めることとなっています。すなわち、市街化調整区域では市街地開発事業を都市計画に定めることはできません。

(3) **施行区域**

　具体的な施行区域の設定に当たっては、「一体的に開発し、又は整備する必要がある土地の区域について定める」とされています。特に既成市街地においては関係権利者や建築物が多いことから、事業の施行を考慮した区域とします。また、段階的又は同時併行的に整備を想定している複数の地区を一体の区域として都市計画に定めることも考えられます。

　施行区域の地区界については、新市街地においては地形・地物を地区界とすることを原則として、地区内の土地利用計画や道路計画等に配慮します。一方、既成市街地においては、新市街地と同様の考え方をとることは事業の円滑な実施等の観点から現実には困難な場合もあります。区域の形状、地区界の設定については整形かどうかに必ずしもこだわらず、筆界等をもって地区界とするなど弾力的な対応をとることもあります。

(4) **都市計画**

(ⅰ) 関係者の理解

　市街地開発事業の都市計画は、事業を行うことを前提に定めるものです。事業を円滑に行うためには、都市計画決定の際に、その事業の必要性及び施行区域等の妥当性について、関係者に広く理解を求めることが重要になります。

(ⅱ) 用途地域等との整合性

　市街地開発事業は、公共施設と宅地、建築物等を面的に整備するものであり、目指すべき土地利用を計画的に実現します。目指すべき市街地像について十分検討を行い、必要に応じて、市街地開発事業の計画決定とあわせて、用途地域等の土地利用に関する計画も決定又は変更します。ただし、土地利用に関する計画が、事業計画の内容に左右される場合には、例えば土地区画整理事業の事業計画の決定段階又は仮換地の指定段階等、事業の展開にあわせ用途地域の変更を行うこともあります。また、新市街地等において、将来の土地利用計画及び公共施設の計画が明らかでない場合にあっては、当面第一種低層住居専用地域等を定めておくこともあります。

(ⅲ) 施行区域外の都市施設の見直し

　都市の拠点開発や、跡地を活用した大規模土地利用転換等、施行区域における都市活動が大幅に増大することが想定される場合、施行区域外も含めて、現

在の都市施設によって当該地区の発生集中交通量や下水等が適切に処理できるかを検討をします。必要に応じ、地区と区域外の道路とを接続する幹線街路や下水道、公園等必要な根幹的都市施設を、変更又は決定します。

(ⅳ) 地区計画等

目指すべき市街地の形成や良好な都市環境の保全を図るため、市街地開発事業の事業展開に応じて、地区計画等を都市計画に定めます。

(5) 連続立体交差事業と一体的な市街地開発事業

連続立体交差事業を行うに際しては、鉄道の立体化とあわせて駅前広場や関連する街路網を含めた周辺の市街地整備を一体的に進めることが都市整備上有効です。連続立体交差事業に関連する土地区画整理事業、市街地再開発事業等の都市計画を都市高速鉄道の都市計画決定にあわせて行います。

(6) 防災上危険な密集市街地

防災上危険な密集市街地の改善については、特定防災街区整備地区、防災街区整備地区計画等による規制・誘導手法とあわせて、土地区画整理事業、市街地再開発事業、防災街区整備事業等の市街地開発事業や、都市防災総合推進事業、住宅市街地総合整備事業等の各種事業を組み合わせながら実施することが有効です。

6.2 土地区画整理事業（土地区画整理法）

(1) 土地区画整理事業全般

土地区画整理事業は、既成市街地から新市街地に至るまで、都市整備のあらゆる場面に適用される面的かつ総合的な整備手法で、「都市計画の母」と呼ばれています。

「土地区画整理事業」とは、都市計画区域内の土地について、公共施設の整備改善及び宅地の利用の増進を図るため、土地の区画形質の変更及び公共施設の新設又は変更に関する事業をいいます。（土地区画整理法第2条）

「公共施設」とは、道路、公園、広場、河川、水路、堤防、護岸、緑地等の用に供する施設をいいます。「宅地」の定義は一般の使われ方とは異なり、「公共施設の用に供されている国又は地方公共団体の所有する土地以外の土地」をいいます。つまり、すべての土地は、宅地と公共施設の土地に二分されます。

土地区画整理事業は、都市計画区域外や準都市計画区域内では行えません。土地区画整理事業には都市計画に定めるものと、定めないものがあります。市街化調整区域では、土地区画整理事業を都市計画に定めることはできませんが、都市計画に定めない土地区画整理事業は実施できます。

(2) 土地区画整理事業の種類

　土地区画整理事業は施行者によって事業制度が異なるため、土地区画整理事業の種類は、施行者の区分によって分けられます。

・個人施行

　　良好な住宅地造成を目的に土地所有者、借地権者、又はその同意を得た者が、１人又は数人で土地区画整理事業を行うものをいいます。権利者が１人で事業を行う場合を１人施行、権利者が数人で事業を行う場合を共同施行と呼びます。権利者の同意を得た者（独立行政法人都市再生機構、地方住宅供給公社、地方公共団体、日本勤労者住宅協会、一定の条件を満たす法人。）は施行者となれます。これを同意施行と呼びます。

・組合施行

　　良好な住宅地造成を目的に土地所有者、又は借地権者が７人以上で土地区画整理組合を設立して行うものです。組合を設立した後、私鉄会社、民間デベロッパー、建設会社等に、業務を委託する業務代行方式で施行することがあります。

・会社施行

　　宅地について所有権又は借地権を有する者が総株主の議決権の過半数を保有し、土地区画整理事業の施行を主たる目的としている株式会社（区画整理会社と呼びます。）により行うものです。

・地方公共団体施行

　　都道府県又は市町村は、都市計画に定められた土地区画整理事業を施行することができます。

・行政庁施行

　　国の利害に重大な関係がある土地区画整理事業で災害の発生その他特別な事情により緊急に施行を要するものを、国、都道府県若しくは市町村が、施行します。

・都市再生機構施行

　　一体的かつ総合的な住宅市街地その他の市街地の整備改善をする相当規模の土地区画整理事業、賃貸住宅の敷地の整備と関連する土地区画整理事業について、都市計画に定めたものを、都市再生機構は施行できます。

・公社施行

　　地方住宅供給公社は、宅地の造成と一体的に施行する都市計画に定めた土地区画整理事業を施行することができます。

　下表の土地区画整理事業の施行者別実績を見ると、組合施行と公共団体施行が面積でも地区数でも多いことがわかります。組合施行は新市街地の開発で大

いに活用されました。公共団体施行は、主に市街化が進んだ地域で実施されてきました。

表　土地区画整理事業の施行者別実績

施行者	事業着工 地区数	事業着工 面積	うち換地処分 地区数	うち換地処分 面積	うち施行中 地区数	うち施行中 面積
		ha		ha		ha
個人	1,243	17,335	1,185	16,390	43	565
組合	5,748	118,421	5,153	101,405	551	15,925
公共団体	2,720	121,666	2,048	94,393	649	26,404
行政庁	58	3,427	58	3,427	0	0
都市機構	296	28,992	236	21,423	58	7,394
地方公社	109	2,595	108	2,498	0	0
区画整理会社	1	5	0	0	1	5
合計	10,175	292,441	8,788	239,537	1,302	50,292

（国土交通省資料より）

土地区画整理法施行後の実績です。
都市計画決定していないものを含みます。
平成20年3月31日現在

(3) **開発許可との整合性**

　市街化調整区域で行う、個人施行（地方公共団体の同意施行も含みます。）、組合施行、会社施行の土地区画整理事業については、土地区画整理法（第9条、第21条、第51条の9）の規定により、都市計画法第34条の開発許可の立地基準に該当するものでなければ施行等の認可をしてはならないとされています。「4．4　開発行為の規制　(6)　市街化調整区域における立地基準」を参照してください。

(4) **土地区画整理事業の仕組み**

　土地区画整理事業は、道路、公園、河川等の公共施設を整備・改善し、土地の区画を整え宅地の利用の増進を図る事業です。

　公共施設が不十分な区域では、地権者から土地の権利に応じて少しずつ土地を提供してもらい（これを減歩といいます。）、この土地を道路・公園などの公共用地が増える分に充てる他、その一部を売却し事業資金の一部に充てる事業制度です。公共用地が増える分に充てるのを公共減歩、事業資金に充てるのを保留地減歩といいます。

　事業資金は、保留地処分金の他、公共側から支出される都市計画道路や公共

施設等の整備費(用地費分を含む)に相当する資金や、関係者の負担金等から構成されます。

　これらの資金を財源に、公共施設の工事、宅地の整地、家屋の移転補償等が行われます。

　地権者にとっては、土地区画整理事業後の宅地の面積は従前に比べ小さくなるものの、都市計画道路や公園等の公共施設が整備され、換地(＊)により宅地が配置され土地の区画が整うことにより、利用価値の高い宅地が得られます。
(＊)換地──土地区画整理事業では、道路・公園等の公共施設を整備すると同時に個々の宅地の条件を考慮しながら、利用しやすいように宅地の再配置を行います。このように、もとの宅地に対して新しく置き換えられた宅地を換地といいます。換地にはもとの宅地についての権利(所有権、地上権、永小作権、賃借権等)がそのまま移っていきます。

図　土地区画整理事業の仕組み

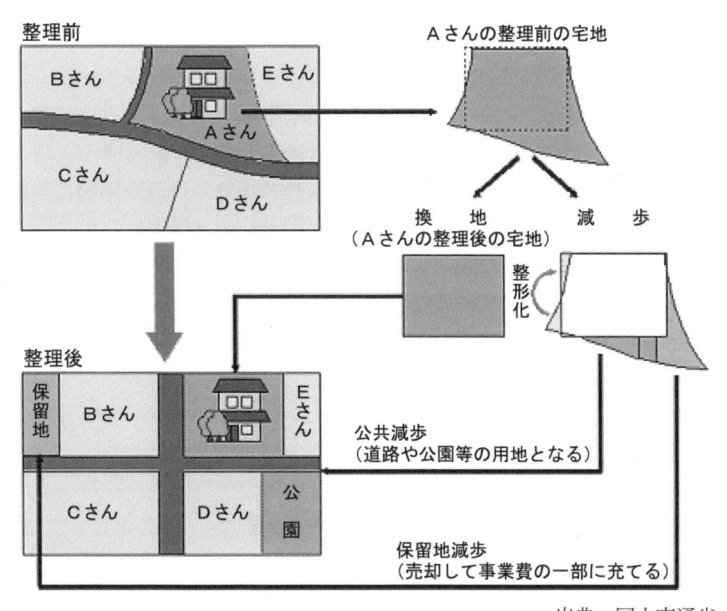

出典　国土交通省

(減価補償地区)

　施行後の公共用地率が大きい地区や既成市街地においては、平均単価は上がるものの、宅地の面積の減少が大きく、地区全体の宅地総価額が減少することがあります。このような地区を「減価補償地区」といい、宅地総価額の減少分が「減価補償金」として地権者に交付されます。

実際の事業では、減価補償金相当額をもって宅地を先行買収し、公共用地に充てることにより、従前の宅地総価額を小さくし、従後の宅地総価額に等しくなるようにしています。

(5) **土地区画整理事業の流れ**

　都市計画決定をする公共団体施行を中心に事業の流れを述べます。

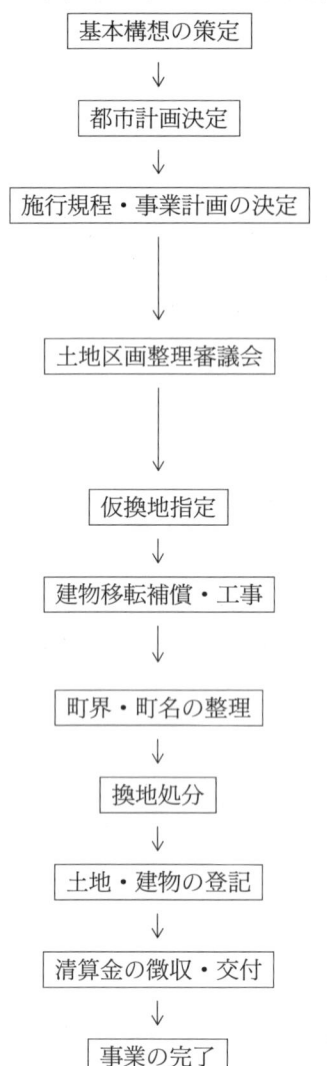

基本構想の策定	まちの将来像を区画整理によりどのように実現するかを計画します。
↓ 都市計画決定	土地区画整理事業の施行区域等を都市計画決定します。
↓ 施行規程・事業計画の決定	施行規程とは、施行者、権利者が準拠すべき規則です。組合施行では定款となります。事業計画は、施行地区、設計の概要、事業施行期間、資金計画を定めるものです。
↓ 土地区画整理審議会	審議会委員は施行地区内の地権者の代表を選挙により選出します。審議会は換地計画、仮換地指定等について議決します。組合施行では組合員で構成する総会が設置されます。
↓ 仮換地指定	将来換地とされる土地の位置、範囲を指定します。
↓ 建物移転補償・工事	仮換地の指定を受け、建物移転を実施します。道路築造、公園整備、宅地整地等の工事を実施します。
↓ 町界・町名の整理	新しいまちにあわせて、町界・町名・地番を整理します。
↓ 換地処分	従前の宅地上の権利が換地上に移行します。清算金も確定します。
↓ 土地・建物の登記	施行者が土地、建物の変更に伴う登記をまとめて実施します。
↓ 清算金の徴収・交付	換地について各地権者間の不均衡是正のため、金銭により清算します。
↓ 事業の完了	組合施行では組合を解散します。

(6) 用語の解説
・施行規程
　地方公共団体施行では議会に付議し条例で施行規程を定めます。施行規程に定める事項は、「事業の範囲、費用の分担に関する事項、保留地の処分方法に関する事項、土地区画整理審議会に関する事項、地積の決定に関する事項等」です。
・換地計画
　仮換地として指定された宅地を、「最終的にどのような換地を交付するか。清算金がどうなるのか。所有権以外の権利等をどのように換地に指定するか。」を定める計画です。
　この計画は換地処分として公告され、その翌日から効力を発生します。
・照応の原則（土地区画整理法第89条）
　換地は、もとの宅地の位置、地積、土質、水利、利用状況、環境等を総合的に勘案してこれに見合うように定めなければならないとされています。これにより各権利者の間に不均衡が生じないように換地を定めます。
・総会
　組合施行の事業において、組合員全員で組織する議決機関をいいます。総会で決定する事項は、「定款・事業計画の変更、換地計画、仮換地の指定等」です。
　また、組合員の数が100人を超える組合にあっては、特別な事項を除き総会に代わってその権限を行わせるために総代会を設けることができます。
・建築行為等の制限
　事業を円滑に進めるために、建築行為等については次のような制限があります。
　① 計画制限
　　施行区域が都市計画決定されてから事業の認可があるまでの制限をいい、その区域内で建築物の建築をしようとする場合には、都市計画法第53条の許可を受けなければなりません。
　② 事業制限
　　事業が認可された日から換地処分公告の日まで次の行為をしようとする場合には、土地区画整理法第76条の許可を受けなければなりません。
　　１．事業の施行に支障をきたすおそれのある土地の形質変更
　　２．建築物その他の工作物の新築、改築又は増築
　　３．重量が５トンを超える移動の容易でない物件の設置又は堆積

(7) 換地特例

照応の原則によらない換地の特例が、土地区画整理法、その他の関係法に規定があります。

ア．住宅先行建設区（土地区画整理法第6条、第85条の2、第89条の2）

住宅の需要の著しい地域で新たに住宅市街地を造成する土地区画整理事業において、住宅の建設を促進する必要がある場合には、住宅を先行して建設すべき土地の区域（以下「住宅先行建設区」といいます。）を定めることができます。

施行地区内の宅地の所有者で当該宅地についての換地に住宅を先行して建設しようとするものは、施行者に対し、当該宅地についての換地を住宅先行建設区内に定めるべき旨の申出をすることができます。

イ．市街地再開発事業区（土地区画整理法第6条、第85条の3、第89条の3）

市街地再開発事業の施行区域を含む土地区画整理事業においては、当該施行区域内の全部又は一部について、土地区画整理事業と市街地再開発事業を一体的に施行すべき土地の区域（以下「市街地再開発事業区」といいます。）を定めることができます。

施行地区内の宅地について所有権又は借地権を有する者は、施行者に対し、当該宅地についての換地を市街地再開発事業区内に定めるべき旨の申出をすることができます。

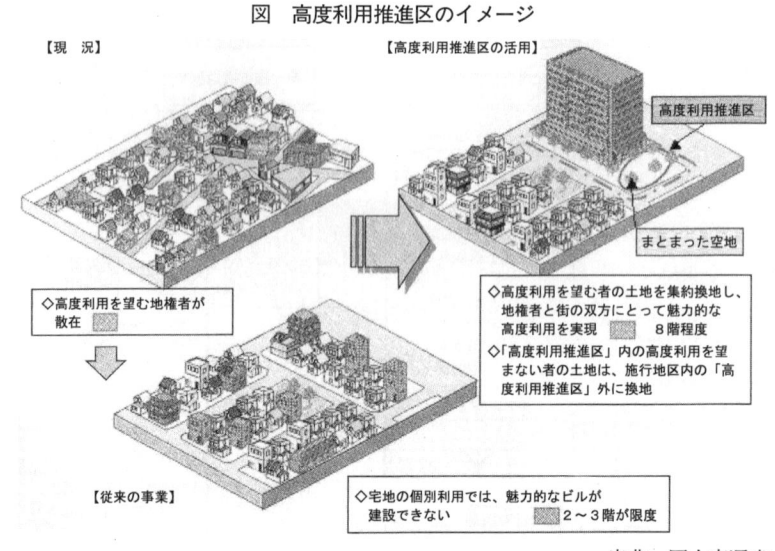

図　高度利用推進区のイメージ

出典　国土交通省

ウ．高度利用推進区（土地区画整理法第6条、第85条の4、第89条の4）
　高度利用地区の区域、都市再生特別地区の区域又は一定の地区計画の区域をその施行地区に含む土地区画整理事業においては、当該高度利用地区等の区域内の全部又は一部について、高度利用推進区を定めることができます。
　施行地区内の宅地について所有権又は借地権を有する者は、施行者に対し、1人で、又は数人共同で、当該宅地についての換地を高度利用推進区内に定めるべき旨の申出をすることができます。

エ．土地区画整理法が定めるその他の換地特例
　所有者の申出又は同意により換地を定めない場合（土地区画整理法第90条）
　宅地地積の適正化（過小宅地）の場合（土地区画整理法第91条）
　宅地の共有化（共有換地）の場合（土地区画整理法第91条第3項）
　借地地積の適正化（過小借地）の場合（土地区画整理法第92条）
　宅地の立体化（立体換地）の場合（土地区画整理法第93条）
　特別の宅地に関する措置の場合（土地区画整理法第95条）
　参加組合員に関する措置の場合（土地区画整理法第95条の2）
　保留地を定める場合（土地区画整理法第96条）

オ．共同住宅区（大都市法第13条）
　特定土地区画整理事業（大都市法に基づく土地区画整理促進区域内の土地についての土地区画整理事業）においては、共同住宅の用に新たに供すべき土地の区域（以下「共同住宅区」といいます。）を定めることができます。
　一定の規模以上の宅地の所有者は、施行者に対し、当該宅地についての換地を共同住宅区内に定めるべき旨の申出をすることができます。

カ．集合農地区（大都市法第17条）
　特定土地区画整理事業の事業計画においては、集合農地区を定めることができます。農地等である宅地の所有者は、施行者に対し、当該宅地の換地を集合農地区内に定めるべき旨の申出をすることができます。

キ．義務教育施設用地（大都市法第20条）
　特定土地区画整理事業の換地計画においては、一定の土地を換地として定めないで、その土地を義務教育施設用地として定めることができます。

ク．公営住宅等及び医療施設等の用地（大都市法第21条）
　特定土地区画整理事業の換地計画においては、公営住宅等の用又は医療施設、社会福祉施設、教養文化施設その他の居住者の共同の福祉若しくは利便のため必要な施設で国、地方公共団体等が設置するものの用に供するため、一定の土地を換地として定めないで、その土地を保留地として定めることができます。
　施行者は、保留地を処分したときは、従前の宅地について権利を有する者に

対して、当該保留地の対価に相当する金額を交付しなければなりません。
ケ．下水道用地（地方拠点法第27条）
　拠点整備土地区画整理事業（「地方拠点都市地域の整備及び産業業務施設の再配置の促進に関する法律」に基づく事業）においては、一定の土地を換地として定めないで、その土地を下水道用地として定めることができます。この場合、この土地は、換地計画において、換地とみなされます。
コ．公益的施設の用地（地方拠点法第28条）
　拠点整備土地区画整理事業の換地計画においては、公益的施設の用に供するため、一定の土地を換地として定めないで、その土地を保留地として定めることができます。
　施行者は、保留地を処分したときは従前の宅地について権利を有する者に対して、当該保留地の対価に相当する金額を交付しなければなりません。
サ．鉄道施設区（宅鉄法第12条）
　一体型土地区画整理事業（宅鉄法に基づく事業）においては、次の者が所有権を有する施行地区内の宅地について、当該区域を鉄道施設区として定めることができます。
　次の宅地の所有者は、施行者に対し、当該宅地についての換地を鉄道施設区内に定めるべき旨の申出をすることができます。
　　・特定鉄道（宅鉄法に基づく鉄道）事業者
　　・地方公共団体
　　・地方住宅供給公社
　　・土地開発公社
　施行者は、要件を満たすときは、当該宅地についての換地を鉄道施設区内に定める宅地として指定します。
シ．復興共同住宅区（被災市街地復興特別措置法第11条）
　住宅不足の著しい被災市街地復興推進地域において施行される被災市街地復興土地区画整理事業の事業計画においては、当該被災市街地復興推進地域の復興に必要な共同住宅の用に供すべき土地の区域（以下「復興共同住宅区」といいます。）を定めることができます。
　復興共同住宅区は、土地の利用上共同住宅が集団的に建設されることが望ましい位置に定め、その面積は、共同住宅の用に供される見込みを考慮して相当と認められる規模としなければなりません。
　事業計画において復興共同住宅区が定められたときは、施行地区内の宅地でその地積が施行規程等で定める規模のものの所有者は、施行者に対し、当該宅地についての換地を復興共同住宅区内に定めるべき旨の申出をすることができ

ます。

　施行地区内の宅地でその地積が指定規模に満たないものの所有者は、施行者に対し、当該宅地について換地を定めないで復興共同住宅区内の土地の共有持分を与えるように定めるべき旨の申出をすることができます。この申出は、当該宅地の地積の合計が指定規模となるように、数人共同でしなければなりません。

ス．住宅等の給付（被災市街地復興特別措置法第15条）

　施行者は、施行地区外において、住宅等を与えられるべき旨の申出をした者のために必要な住宅等の建設又は取得を行うことができます。（被災市街地復興特別措置法第16条）

　施行者は、施行地区内の宅地の所有者がその宅地についての換地に施行者が建設する住宅を与えられるべき旨を申し出たときは、換地計画において、当該宅地について住宅を与えるように定めることができます。

セ．公営住宅等及び居住者の福祉・利便施設の用地（被災市街地復興特別措置法第17条）

　被災市街地復興土地区画整理事業の換地計画においては、次の施設の用に供するため、一定の土地を換地として定めないで、その土地を保留地として定めることができます。

- 公営住宅等
- 災害を受けた市街地に居住する者の共同の福祉又は利便のため必要な施設で国、地方公共団体等が設置するもの

　施行者は、当該保留地を処分したときは、従前の宅地について所有権等の権利を有する者に対して、当該保留地の対価に相当する金額を交付しなければなりません。

ソ．都市福利施設、公営住宅の用地（中心市街地活性化法第16条）

　中心市街地活性化基本計画に定められた土地区画整理事業であって、地方公共団体、独立行政法人都市再生機構、地方住宅供給公社の施行する事業の換地計画（基本計画に定められた中心市街地の区域内の宅地に限ります。）の特例です。当該換地計画においては、都市福利施設で国、地方公共団体、中心市街地整備推進機構等が設置するもの又は公営住宅等の用に供するため、一定の土地を換地として定めないで、その土地を保留地として定めることができます。

　施行者は、当該保留地を処分したときは、従前の宅地について所有権等の権利を有する者に対して、当該保留地の対価に相当する金額を交付しなければなりません。

⑻　土地区画整理事業の実績
　土地区画整理事業は、関東大震災、阪神・淡路大震災からの震災復興、第二次世界大戦からの戦災復興、戦後の急激な都市への人口集中に対応した宅地供給、都市化に伴うスプロール市街地の整備改善、地域振興の核となる拠点市街地の開発等、多様な目的に応じて活用されてきました。土地区画整理事業による市街地の着工実績は、我が国の人口集中地区（DID：Densely Inhabited District）面積の約3割に相当する約34万haになります。土地区画整理事業では、これまで約11,000kmの都市計画道路を整備しました。これは、全国の供用又は完成済み都市計画道路の約1／4に相当します。土地区画整理事業で生み出された公園面積は約1.4万haです。これは、全国の開設済みの街区公園、近隣公園、地区公園の約1／2に相当します。これまでに区画整理事業で整備された駅前広場は、全国で約900箇所です。これは、現在供用されている乗降客3,000人以上の駅の駅前広場の1／3に相当します。

⑼　土地区画整理事業の特色
　土地区画整理事業は、以下のような特色を有する事業です。

ア．施行者には強力な事業執行権能が、地権者には権利保護があること
　施行者に、換地処分や建物移転等の私権の制限を伴う事業執行の権能が与えられています。
　地権者のためには、その権利を保護するための厳格な手続規定が設けられています。施行者となれるものは地権者又は公的団体に限定され、事業の認可等の際に地権者の意見を反映させる手続が規定されています。さらに、換地計画に照応の原則が定められています。

イ．地権者が地区内に残れること
　従前の地権者は、事業後も引き続き土地を保有し地区内に残れます。
　このため、土地区画整理事業は、計画段階から地権者が参加しながら事業を進められ、地権者の自主的なまちづくりができます。また、既存のコミュニティーを維持することもできます。

ウ．建築物の整備は地権者にゆだねられていること
　土地区画整理事業は土地の区画形質の変更及び公共施設の新設又は変更に関する事業であり、建築物の整備は通常は事業に含まれません。このため、建築物の整備計画が未決定でも事業の実施が可能な手法であり、山林原野から密集市街地まで適用できるなど、事業の汎用性が極めて高い事業手法となっています。
　しかし、一方で、建築物整備を一体的に実現できないことから、建築物整備も含めたまちづくりの早期実現を図るには、他の手法の導入を図ります。例えば、市街地再開発事業等の建築物整備が可能な事業との合併施行や、建築物の

規制誘導を行う地区計画等の活用が考えられます。

⑽ 既成市街地での活用事例

　土地区画整理事業は、戦後の都市への人口集中に対応し、新市街地での宅地供給に多大の実績をあげましたが、ここでは現在の課題である既成市街地での活用事例を記述します。

ア．中心市街地の活性化

　空洞化が進行している地方都市等の中心市街地において、土地区画整理事業により街区の再編、敷地の統合、低未利用地の集約化や基盤整備を実施します。商業、福祉、文化等の各種施策と連携しつつ、核となる商業施設や、福祉・文化施設等の公益施設、共同住宅の立地等を促進します。

イ．密集市街地の解消

　道路、公園等の都市基盤が未整備で老朽化した木造建築物が密集している防災上危険な市街地において、次のように防災性の向上を図り、安全な市街地を形成します。

① 道路・公園などの公共施設を整備し、避難・延焼遮断空間を確保
② 倒壊・焼失の危険性が高い老朽建築物の更新を促進し、建築物の安全性を向上
③ 地権者の共同建て替えのため敷地整備を行い、地域の不燃化を促進

　密集市街地の防災性を向上させる土地区画整理事業の代表的な活用方法に次のものがあります。

① 地権者の建て替えにあわせた不燃化の推進

　　膨大に広がる密集市街地の解消のために、民間の有するノウハウ、資金力、機動性を最大限に活用します。

　　石原東・幸福北地区（大阪府門真市）の例では、木賃アパートの建て替えにあわせて、組合施行による土地区画整理事業を実施しました。土地区画整理事業により街区の再編、敷地の整序を行い、建築条件の整備により、木賃アパートから不燃化された賃貸マンションへの建て替えを実現しました。

② 防災環境軸の集中整備

　　密集市街地の防災性を効率的に向上させるため、都市計画道路の整備と一体的に沿道の建築物の不燃化を促進し、避難路・延焼遮断帯として機能する空間「防災環境軸」を緊急かつ重点的に整備します。このため、土地区画整理事業のほか、街路、公園等の各種事業を組み合わせ、集中的に実施します。

＜地区例＞一之江駅西部（東京都江戸川区）

淡路駅周辺（大阪府大阪市）
　　浜山（兵庫県神戸市）
　　段原東部（広島県広島市）
　　原良第三（鹿児島県鹿児島市）

ウ．街区再編による土地の高度利用

　土地利用が細分化された既成市街地において、街区の再編にあわせて散在した低未利用地や共同利用希望者の土地を集約化することにより、敷地規模の拡大、土地の高度利用を図り、オープンスペースが確保されたゆとりある良好な市街地環境を形成します。

図　土地区画整理事業活用のイメージ

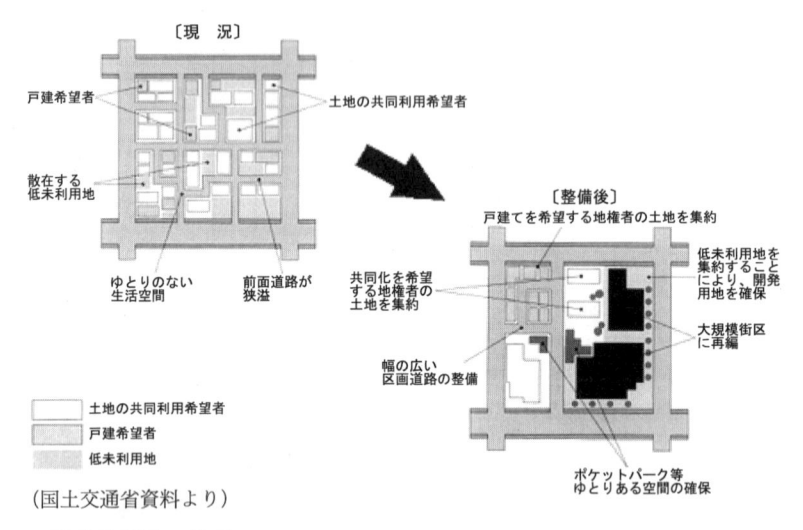

（国土交通省資料より）

エ．拠点市街地の形成

　大都市、地域中心都市等において、既成市街地内の鉄道跡地、臨海部の工場跡地等を活用して、都市構造の再編に資する拠点市街地を整備します。
　＜地区例＞
　　秋葉原駅付近土地区画整理事業（東京都千代田区等）
　　あすと長町（宮城県仙台市）
　　蘇我臨海（千葉県千葉市）
　　東静岡駅周辺（静岡県静岡市）
　　尾張西部都市拠点（愛知県稲沢市）
　　あまがさき緑遊新都心（兵庫県尼崎市）
　　高知駅周辺（高知県高知市）

香椎副都心（福岡県福岡市）
大手町土地区画整理事業（東京都千代田区）―連鎖型都市再生により国際ビジネス拠点の再構築をするものです。

オ．スプロール市街地の改善

高度成長期において都市への急激な人口流入の受皿として郊外に無秩序に開発されたスプロール市街地は十分に基盤整備されないまま狭小な戸建て住宅等が立ち並んでいます。こうした市街地において、既存のコミュニティの維持に配慮しつつ、土地区画整理事業により街区の再編、基盤整備等を実施します。

6.3　新住宅市街地開発事業（新住宅市街地開発法）

新住宅市街地開発事業は、急激な人口、産業の都市集中に伴う宅地需要の増大に対処するために制定された新住宅市街地開発法（昭和38年7月制定）に基づき、都市計画事業として施行される全面買収方式の宅地開発事業です。人口集中の著しい市街地の周辺の地域において、健全な住宅市街地の開発、居住環境の良好な住宅地を大規模に供給することを目的としています。

道路、公園、上下水道等の公共施設及び教育施設、医療施設、官公庁施設、購買施設等の公益的施設を備えた住区を単位とし、さらに必要に応じ事務所、事業所等の特定業務施設を備えた相当規模の住宅市街地の開発を行います。施行者は、地方公共団体、地方住宅供給公社、特定の条件を満たす法人に限られています。

全面買収によって事業用地を取得し、造成宅地を最終需要者に直接譲渡することを原則としています。比較的短期間のうちに大量に宅地を供給することが可能であるとともに、宅地の譲受人に建築義務を課すことなどにより、早期の市街地形成を図るものです。

6.4　工業団地造成事業（首都圏の近郊整備地帯及び都市開発区域の整備に関する法律・近畿圏の近郊整備区域及び都市開発区域の整備及び開発に関する法律）

工業団地造成事業は、表題の法律に基づき、首都圏の近郊整備地帯、近畿圏の近郊整備区域において工業市街地を整備し、首都圏・近畿圏の都市開発地域を工業都市として発展させるため、都市計画事業として地方公共団体が行う事業です。工業団地造成事業に関する都市計画については、当該区域が製造工場等の生産能率が十分に発揮されるよう適切な配置及び規模の道路、排水施設、公園、緑地等の施設を備えた工業団地となるように定めます。

団地造成後、施行者であった者は、造成工場敷地の譲受人について、自ら製造工場等を経営する者を公募しなければなりません。譲受人は、製造工場等の建設計画の承認を受け、製造工場等を建設しなければなりません。造成工事完了後10年間は、譲受人は造成工場敷地の権利の処分の制限を受けます。

6.5　市街地再開発事業（都市再開発法）

(1)　市街地再開発事業全般

　市街地には老朽化した木造建築物が密集し、十分な公共施設がないなどの都市機能の低下が見られる地域が多くあります。市街地再開発事業は、地区内の建築物を全面的に除却し、細分化された敷地の統合、不燃化された共同建築物の建築、公園、広場、街路等の公共施設の整備等を行う事業です。

　「市街地再開発事業」の定義は、「市街地の土地の合理的かつ健全な高度利用と都市機能の更新とを図るため、建築物及び建築敷地の整備並びに公共施設の整備に関する事業並びにこれに附帯する事業」となっています。市街地再開発事業は、第一種市街地再開発事業と第二種市街地再開発事業とに区分されます。（都市再開発法第2条）

(2)　事業の種類

・第一種市街地再開発事業＜権利変換方式＞

　権利変換手続により、従前建物、土地所有者等の権利を再開発ビルの床に関する権利に原則として等価で変換します。

・第二種市街地再開発事業＜管理処分方式（用地買収方式）＞

　公共性、緊急性が著しく高い事業で、いったん施行地区内の建物・土地等を施行者が買収し、買収された者が希望すれば、その代償に代えて再開発ビルの床が与えられます。

種別	第一種事業	第二種事業
対象区域	(1)　高度利用地区、都市再生特別地区、地区計画、防災街区整備地区計画、沿道地区計画の区域 (2)　区域内の耐火建築物の建築面積又は敷地面積が全体の1／3以下であること (3)　区域内の土地の利用状況が著しく不健全であること (4)　土地の高度利用を図ることが都市機能の更新に資すること	(1)　高度利用地区、都市再生特別地区、地区計画、防災街区整備地区計画、沿道地区計画の区域 (2)　区域内の耐火建築物の建築面積又は敷地面積が全体の1／3以下であること (3)　区域内の土地の利用状況が著しく不健全であること (4)　土地の高度利用を図ることが都市機能の更新に資すること (5)　次のいずれかに該当する0.5ha以上の区域

		・安全上防災上支障がある建築物の数もしくは延べ面積が全体の7／10以上であること ・重要な公共施設を早急に一体的整備する必要があること ・被災市街地復興推進地域内
施行者	(1) 個人施行者 (2) 市街地再開発組合 (3) 再開発会社 (4) 地方公共団体 (5) 都市再生機構 (6) 地方住宅供給公社	(1) 再開発会社 (2) 地方公共団体 (3) 都市再生機構 (4) 地方住宅供給公社
仕組み	［権利変換方式］ 　施行地区内の建築物等をすべて除却し、新たにビルを建設し、従前の権利者の権利を新たに建設されるビルに対する権利に移し換えます。	［管理処分方式］ 　施行地区内の建築物すべてを除却し、新たにビルを建設するが、第一種事業と異なり、いったん施行者が地区内の土地及び建物を買収し、ビル建設後残留希望者に給付します。

（国土交通省資料より）

(3) 事業の仕組み

　敷地を共同化し、高度利用することにより、公共施設用地を生み出します。

　従前の権利者の権利は、原則として等価で新しい再開発ビルの床（権利床）に置き換えられます。

　高度利用で新たに生み出された床（保留床）を処分（新しい居住者や営業者への売却等）し事業費に充てます。

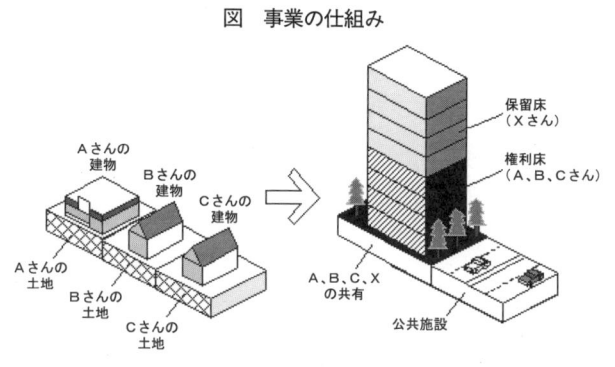

図　事業の仕組み

出典　国土交通省

(4) 施行者
- 個人

    施行区域内の宅地の所有者又は借地権者、又は、これらの同意を得た者は、1人又は数人で共同して施行者となることができます。

    なお、個人施行に限っては、事業の都市計画決定をせずに施行可能です。
- 組合

    施行区域内の宅地の所有者又は借地権者が、5人以上共同して一定の条件を満たした場合に、組合を設立し施行者になることができます。
- 再開発会社

    宅地について所有権又は借地権を有する者が総株主の議決権の過半数を保有し、市街地再開発事業の施行を主たる目的とする株式会社により行うものです。
- 地方公共団体

    都道府県、市町村は、市街地再開発事業を施行することができます。
- 都市再生機構・地方住宅供給公社

    都市再生機構は、再開発を促進すべき地区の整備改善を図ること又は賃貸住宅の建設とあわせて実施することが必要な場合に、地方住宅供給公社は、公社の行う住宅の建設とあわせて実施することが必要な場合に、市街地再開発事業を施行することができます。

表　市街地再開発事業の施行者別実績

施行者	事業完了 地区数	事業完了 面積(ha)	事業中 地区数	事業中 面積(ha)	都市計画決定 地区数	都市計画決定 面積(ha)	合計 地区数	合計 面積(ha)
公共団体	119	427.48	20	63.69	5	6.22	144	497.39
組合	413	453.39	72	87.02	34	39.17	519	579.58
再開発会社	3	5.34	5	8.57	1	0.74	9	14.65
都市機構	39	70.33	10	27.04	1	2.95	50	100.32
住宅公社	10	11.72	0	0.00	1	2.15	11	13.87
個人	133	82.10	8	7.61	6	2.43	147	92.14
合計	717	1,050.36	115	193.93	48	53.66	880	1,297.95

（平成20年3月31日現在）　　　　　　　　　　　　　　　出典　国土交通省

　実績としては、組合が地区数が多く、1箇所当たり面積は、公共団体、都市再生機構が広くなっています。

(5) 事業の流れ

図　市街地再開発事業の流れ

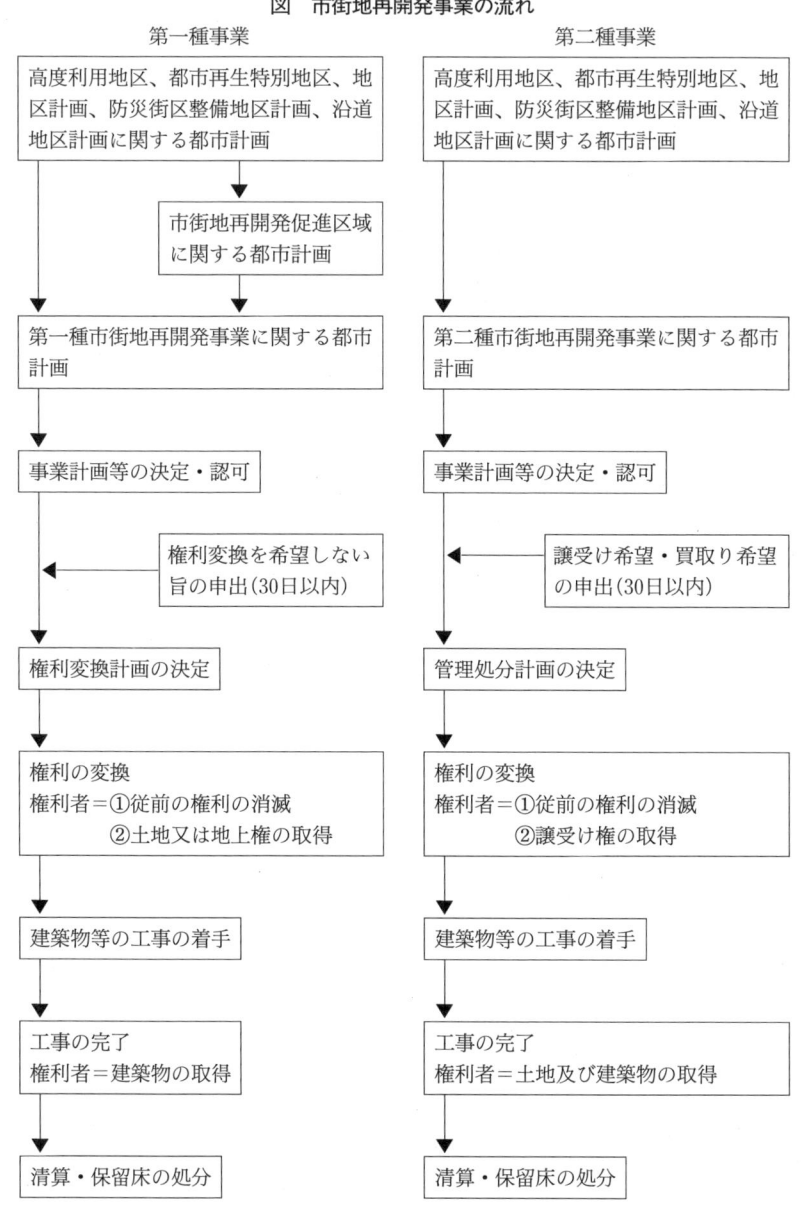

第一種事業	第二種事業
高度利用地区、都市再生特別地区、地区計画、防災街区整備地区計画、沿道地区計画に関する都市計画	高度利用地区、都市再生特別地区、地区計画、防災街区整備地区計画、沿道地区計画に関する都市計画
↓	↓
市街地再開発促進区域に関する都市計画	
↓	
第一種市街地再開発事業に関する都市計画	第二種市街地再開発事業に関する都市計画
↓	↓
事業計画等の決定・認可	事業計画等の決定・認可
↓ ← 権利変換を希望しない旨の申出（30日以内）	↓ ← 譲受け希望・買取り希望の申出（30日以内）
権利変換計画の決定	管理処分計画の決定
↓	↓
権利の変換 権利者＝①従前の権利の消滅 　　　　②土地又は地上権の取得	権利の変換 権利者＝①従前の権利の消滅 　　　　②譲受け権の取得
↓	↓
建築物等の工事の着手	建築物等の工事の着手
↓	↓
工事の完了 権利者＝建築物の取得	工事の完了 権利者＝土地及び建築物の取得
↓	↓
清算・保留床の処分	清算・保留床の処分

(6) **用語の解説**
- 権利変換計画

    第一種市街地再開発事業において、施行地区に従来から存在した宅地の所有権や借地権、建物の所有権や借家権、抵当権や地役権等の権利が、施設建築物及びその敷地に関する権利等へ変換されることを定める計画です。

    従前の権利を価格に表したものを「従前資産」といい、同じく従後の権利を価格に表したものを「従後資産」といいます。権利変換では、「従前資産」と「従後資産」が原則ひとしくなるように置き換えられます。

- 施設建築物

    市街地再開発事業によって建築される建築物をいいます。

- 管理処分計画

    第二種市街地再開発事業において、再開発後の建物の管理や処分に関することを定める計画です。施行者は、従前の権利者から施設建築物の一部の譲受け希望、買取り希望、賃借り希望等について申出を受け付けた後、管理処分計画を作成します。

(7) **市街地再開発事業の実績**

市街地再開発事業は、平成20年3月31日現在、880地区、1,298haにおいて実施され、うち717地区、1,050haが完了しています。

平成14〜18年度の事業完了地区の平均像から、市街地再開発事業の効果を見ます。

（防災性の向上効果）
- 耐火建築物比率が1／3以下→不燃化率は100%

（都市構造の改善効果）
- 1地区平均169戸の住宅を整備
- 公共施設面積は従前の約1.5倍増（25%→37%）
- 容積率が平均約6.4倍増（90%→573%）
- 駅前広場の整備：全国で約130箇所。全国で現在整備されている乗降客数3,000人以上の駅の駅前広場の約1／20に相当

（民間投資効果）
- 約165億円の工事費。国庫補助金額の約9倍の投資誘発効果

（税収増効果）
- 再開発に市町村が支出する補助金は、4〜8年で回収可能

(8) **市街地再開発事業の特色**
- 施行者には強力な事業執行権能が、地権者には権利保護があること。

- 地権者が地区内に残れること。
- 土地利用計画を総合的に実現できること。
- 公共施設整備と建築物整備を一体的に実現でき、土地の高度利用を一挙に実現できること。一方、建物の利用計画、整備計画が確定しないと、事業に着手できないという問題があります。

(9) 活用事例

ア．都市再生の推進

都市の再生の拠点となる市街地の整備を推進。

イ．密集市街地対策

重点密集市街地（全国8,000ha）の安全性を確保するため、密集市街地を整備。

ウ．震災復興

阪神・淡路大震災等の震災により被害を受けた地区を早急に復興。

エ．地方都市の活性化

- 中心市街地の活性化
- 身の丈型の再開発

地域の実態等に即し、容積の極大を図ることなく「身の丈にあった」再開発事業を施行。

6.6　新都市基盤整備事業（新都市基盤整備法）

　新都市基盤整備事業とは、大都市周辺の地域に環境の良好な都市を作り秩序のある発展に資することを目的としています。都市計画法及び新都市基盤整備法に基づき、新都市の基盤となる根幹公共施設の用に供すべき土地及び開発誘導地区に充てるべき土地の整備に関する事業並びにこれに付帯する事業をいいます。

　新都市基盤整備事業は、新都市基盤整備法が昭和47年6月に制定されて以来実施例はありません。

6.7　住宅街区整備事業（大都市法）

　住宅街区整備事業とは、「大都市地域における住宅及び住宅地の供給の促進に関する特別措置法」（以下「大都市法」といいます。）に基づいて行われる土地の区画形質の変更、公共施設の新設又は変更及び共同住宅の建設に関する事業並びにこれに附帯する事業をいいます。大都市地域とは、首都圏整備法の既成市街地・近郊整備地帯、近畿圏整備法の既成都市区域・近郊整備区域、中部圏開発整備法の都市整備区域をいいます。

　住宅街区整備事業は、土地区画整理事業に類似した手法によって道路、公園

など公共施設の基盤整備をするとともに、農地や既存の住宅地の換地によって良好な住宅地整備及び農地の集約・保全を図ります。さらに土地区画整理法の立体換地を発展させた手法（市街地再開発事業的な手法ともとれます。）で、中高層住宅の建設、供給を行います。

施行地区は、市街化区域内の高度利用地区内で、面積0.5ha以上などの一定の地区条件を満たす地区で、住宅街区整備促進区域の都市計画を定めた区域内に限られます。法律は昭和50年7月に制定されましたが、事業実施例は、7地区です。

事業の施行者は、次のとおりです。
- 個人施行者
    住宅街区整備促進区域内の宅地について所有権又は借地権を有する者が1人又は数人共同で行うもの。
- 住宅街区整備組合
    住宅街区整備促進区域内の宅地について所有権又は借地権を有する者が5人以上共同して設立するもの。
- 都道府県、市町村、都市再生機構、地方住宅供給公社

6.8　防災街区整備事業（密集市街地整備法）

事業の概要については、「3．3　地区計画等　(2)防災街区整備地区計画」を参照してください。

第7章　都市計画の手続

本章では、都市計画法に定められた都市計画の決定手続や、都市計画事業認可の手続とその効果について記述します。

7.1　都市計画の決定手続

　行政に対して、行政手続の透明化や情報公開、説明責任の遂行が求められています。都市計画のように裁量性が高く、国民の権利義務に直接影響を与えることとなる行政手続については、特にその要請は高いものがあります。都市計画は、都市や地域の在り方についての多種多様な意見の調整の場という機能を持つことから、情報の公開や意見の表明の機会の確保は重要です。なかでも、住民が暮らす街の在り方についても関心が高まり、都市計画に対して住民自らが主体的に参画しようとする動きが広がっています。

　また、大規模な都市計画施設、市街地開発事業は、環境に与える影響が大きいことがあります。このため、環境影響評価を都市計画の手続のなかで実施し、その結果を都市計画に適切に反映させることが必要となります。

(1)　都市計画決定権者

　広域的、根幹的な都市計画は、都道府県が定めます。その他の都市計画は市町村が定めます。
　主な都市計画についての都市計画決定権者は、下表のとおりです。

表　都市計画決定権者一覧

都市計画の種類			県・政令市決定	市町村決定
都市計画区域・準都市計画区域			◎	
区域区分（市街化区域及び市街化調整区域）			◎	
地域地区	用途地域	三大都市圏等（*2）	○	
		その他		○
	特別用途地区・特定用途制限地域			○
	高層住居誘導地区	三大都市圏等（*2）	○	
		その他		○
	高度地区・高度利用地区			○
	防火地域・準防火地域			○

	景観地区		○	
	風致地区	面積10ha以上	○	
		その他		○
	駐車場整備地区			○
	臨港地区	重要港湾	○	
		地方港湾		○
	流通業務地区		○	
	生産緑地地区			○
	伝統的建造物群保存地区			○
都市施設	道路	一般国道	◎	
		県道	○	
		市町村道（4車線以上）	○	
		市町村道（4車線未満）		○
		自動車専用道路（高速自動車国道）	◎	
		自動車専用道路（その他）	○（*3）	
	都市高速鉄道		○	
	駐車場		○	
	自動車ターミナル	一般	○	
		専用		○
	公園・緑地・広場・墓園	国設置の面積10ha以上	◎	
		面積10ha以上	○	
		その他		○
	その他公共空地			○
	下水道	流域下水道	◎	
		公共下水（2市町村にまたがる）	◎	
		公共下水（その他）		○
		その他		○
	産業廃棄物処理場		○	
	ゴミ焼却場・その他処理施設			○
	河川	1級	◎	

		2級	○	
		準用		○
	学校	大学・高専	○	
		その他		○
	病院、保育所その他医療施設又は社会福祉施設			○
	市場、と畜場、火葬場			○
	一団地の住宅施設	2000戸以上	○	
		2000戸未満		○
	一団地の官公庁施設		○	
	流通業務団地		○	
市街地開発事業	土地区画整理事業	面積50ha超	○	
		面積50ha以下		○
	新住宅市街地開発事業・工業団地造成事業		○	
	市街地再開発事業・防災街区整備事業	面積3ha超	○	
		面積3ha以下		○
地区計画				○

（＊１）◎印の都市計画は、政令市の区域においても、都道府県決定。
（＊２）三大都市圏の既成市街地・近郊整備地帯等と、政令市を含む都市計画区域。
（＊３）首都、阪神、指定都市高速道路は都道府県が定め、政令市が決定するのは、それ以外のものに限ります。

(2) **手続の流れ**

　都市計画決定の手続の基本的な流れは、都市計画法に規定されています。説明会等の具体的な方法は、都市計画決定権者にゆだねられています。都道府県決定と市町村決定では手続が異なり、下図のとおりとなります。

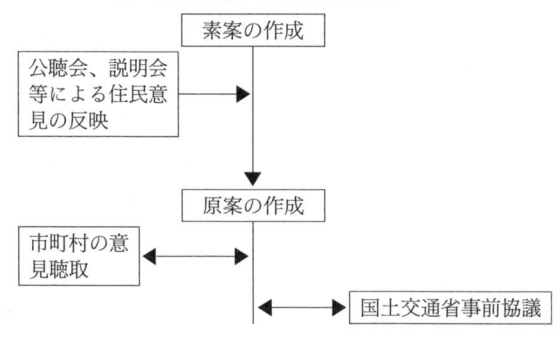

図　都道府県が定める都市計画

```
                    ┌─────────────┐
                    │  素案の作成  │
                    └──────┬──────┘
┌─────────────┐         │
│公聴会、説明会│         │
│等による住民意│────────▶│
│見の反映      │         │
└─────────────┘         │
                           ▼
                    ┌─────────────┐
                    │  原案の作成  │
                    └──────┬──────┘
┌─────────────┐         │
│市町村の意見 │────────▶│
│聴取         │         │
└─────────────┘         │
                           ▼
                    ┌──────────────────┐
                    │国土交通省事前協議│
                    └──────────────────┘
```

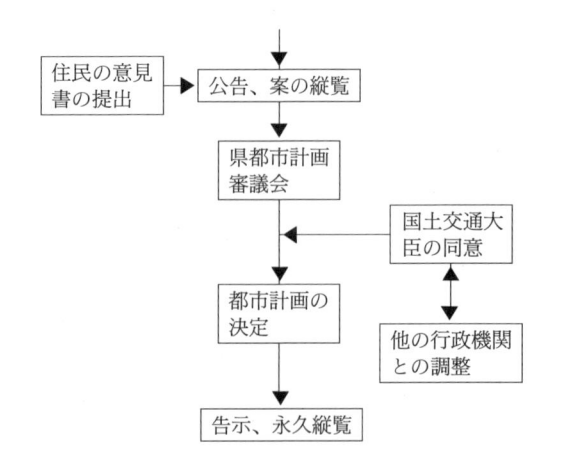

```
          │
┌─────────┐   ┌──────────┐
│住民の意見│──▶│公告、案の│
│書の提出 │   │縦覧      │
└─────────┘   └──────────┘
                   │
                   ▼
              ┌──────────┐
              │県都市計画│
              │審議会    │
              └──────────┘
                   │        ┌──────────┐
                   │        │国土交通大│
                   ├───────▶│臣の同意  │
                   ▼        └──────────┘
              ┌──────────┐       ▲
              │都市計画の│       │
              │決定      │       ▼
              └──────────┘  ┌──────────┐
                   │        │他の行政機│
                   │        │関との調整│
                   ▼        └──────────┘
              ┌──────────┐
              │告示、永久縦覧│
              └──────────┘
```

図　市町村が定める都市計画

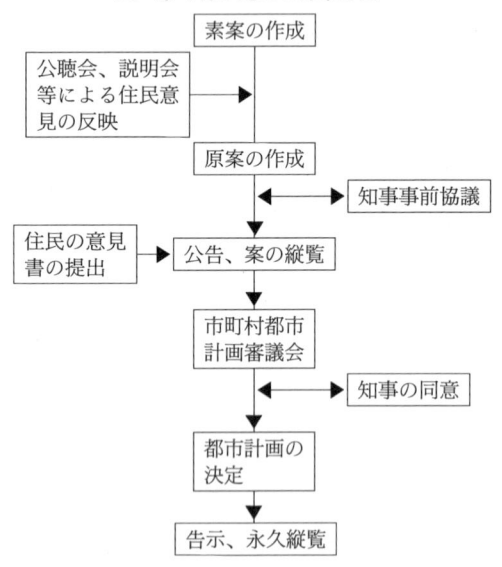

```
                   ┌──────────┐
                   │素案の作成│
                   └──────────┘
┌─────────────┐         │
│公聴会、説明会│         │
│等による住民意│────────▶│
│見の反映      │         │
└─────────────┘         ▼
                   ┌──────────┐
                   │原案の作成│
                   └──────────┘
                        │    ┌──────────┐
                        ├───▶│知事事前協議│
                        ▼    └──────────┘
┌─────────┐      ┌──────────┐
│住民の意見│─────▶│公告、案の│
│書の提出 │      │縦覧      │
└─────────┘      └──────────┘
                        │
                        ▼
                   ┌──────────┐
                   │市町村都市│
                   │計画審議会│
                   └──────────┘
                        │    ┌──────────┐
                        ├───▶│知事の同意│
                        ▼    └──────────┘
                   ┌──────────┐
                   │都市計画の│
                   │決定      │
                   └──────────┘
                        │
                        ▼
                   ┌──────────┐
                   │告示、永久縦覧│
                   └──────────┘
```

(3) 公聴会の開催（都市計画法第16条）

　都道府県・市町村は、都市計画の案を作成する場合、必要に応じて、住民の意見を反映するために公聴会・説明会等を開催します。

　住民の意見を反映するための措置としては、公聴会・説明会の開催に加えてまちづくりの方向・内容等に関するアンケートの実施、まちづくり協議会を中

心としたワークショップの開催、まちづくり協議会による案の提案等各種方策が考えられます。

　都市計画に定める地区計画等の案は、条例で定めるところにより、その案に係る区域内の土地の所有者等の利害関係者の意見を求めて作成します。

(4)　**都市計画の案の縦覧（都市計画法第17条）**

　都道府県・市町村は、都市計画を決定するときは、あらかじめ、その旨を公告し、当該都市計画の案を、理由を記載した書面を添えて、公告の日から2週間公衆の縦覧に供しなければなりません。この公告があったとき、関係市町村の住民及び利害関係人は、縦覧期間満了の日までに、都市計画の案について、都道府県の作成のものは都道府県に、市町村の作成のものは市町村に、意見書を提出することができます。

　なお、特定街区に関する都市計画の案については、利害関係を有する者の同意を得なければなりません。遊休土地転換利用促進地区に関する都市計画の案については、当該地区内の土地に関する所有権又は地上権その他の権利を有する者の意見を聴かなければなりません。都市計画事業の施行予定者を定める都市計画の案については、当該施行予定者の同意を得なければなりません。

(5)　**都道府県の都市計画の決定（都市計画法第18条）**

　都道府県は、関係市町村の意見を聴き、かつ、都道府県都市計画審議会の議を経て、都市計画を決定します。

　都道府県は、都市計画の案を都道府県都市計画審議会に付議しようとするときは、住民等の意見書の要旨を都道府県都市計画審議会に提出しなければなりません。

　都道府県は、大都市等に係る都市計画（軽易なものを除く。）又は国の利害に重大な関係がある都市計画の決定をしようとするときは、あらかじめ、国土交通大臣に協議し、その同意を得なければなりません。国土交通大臣は、国の利害との調整を図る観点から、この協議を行います。

(6)　**他の行政機関等との調整等（都市計画法第23条）**

　国土交通大臣が都市計画区域の整備、開発及び保全の方針若しくは区域区分に関する都市計画の決定若しくは変更に同意しようとするとき、あらかじめ、農林水産大臣に協議し、経済産業大臣及び環境大臣の意見を聴かなければなりません。

　厚生労働大臣は、必要があると認めるときは、都市計画区域の整備、開発及び保全の方針、区域区分並びに用途地域に関する都市計画に関し、国土交通大臣に意見を述べることができます。

　臨港地区に関する都市計画は、港湾管理者が申し出た案に基づいて定めま

す。

　国土交通大臣は、都市施設に関する都市計画の決定若しくは変更に同意しようとするときは、あらかじめ、当該都市施設の設置又は経営について、免許、許可、認可等の処分をする権限を有する国の行政機関の長に協議しなければなりません。

(7)　市町村の都市計画の決定（都市計画法第19条）

　市町村は、市町村都市計画審議会の議を経て、都市計画を決定します。

　市町村は、都市計画の案を市町村都市計画審議会に付議しようとするときは、住民等の意見書の要旨を市町村都市計画審議会に提出しなければなりません。

　市町村は、都市計画を決定しようとするときは、あらかじめ、都道府県知事に協議し、その同意を得なければなりません。都道府県知事は、一の市町村の区域を超える広域の見地からの調整を図る観点又は都道府県が定める都市計画との適合を図る観点から、この協議を行います。

(8)　都市計画の告示等（都市計画法第20条）

　都道府県・市町村は、都市計画を決定したときは、その旨を告示しなければなりません。都道府県知事・市町村長は、都市計画の図書又はその写しを当該都道府県又は市町村の事務所において公衆の縦覧に供しなければなりません。都市計画は、告示があった日から、その効力を生じます。

　なお、用途地域や道路、公園等の主要な都市計画を一枚の地図に表示したものを、都市計画総括図と呼びます。多くの市区町村では、この都市計画総括図を販売しています。安価で簡単に入手できます。

7.2　都市計画の提案制度（都市計画法）

(1)　活用場面の想定

　都市計画の提案制度は、住民等が行政の提案に対して単に受身で意見を言うだけではなく、より主体的かつ積極的に都市計画にかかわっていくことを期待し、また可能とするための制度です。

　提案制度は、基本的には、一団の土地の区域におけるまちづくりの提案を想定している制度です。当該区域内におけるまちづくりに必要な土地利用、都市施設の整備及び市街地開発事業に関する計画を提案することができます。

(2)　都市計画の提案（都市計画法第21条の２）

　都市計画区域又は準都市計画区域のうち、0.5ha以上の一団の土地の区域について、土地所有者等は、１人で、又は数人共同で、都道府県又は市町村に対し、都市計画の決定又は変更をすることを提案することができます。この場

合、当該提案に係る都市計画の素案を添えなければなりません。

　まちづくりの推進を図ることを目的とするNPO、営利を目的としない法人、独立行政法人都市再生機構、地方住宅供給公社等は、上述の土地の区域について、都道府県又は市町村に対し、都市計画の決定又は変更をすることを提案することができます。この場合、当該提案に係る都市計画の素案を添えなければなりません。

　計画提案は、次の事項を満たす必要があります。
- 計画提案に係る都市計画の素案の内容が、都市計画法等の規定に基づく都市計画に関する基準に適合するものであること。
- 計画提案に係る都市計画の素案の対象となる土地の区域の土地所有者等の2／3以上の同意を得ていること。

(3) **計画提案に対する都市計画決定権者の判断等（都市計画法第21条の3）**

　都道府県又は市町村は、計画提案が行われたときは、遅滞なく、計画提案を踏まえた都市計画の決定をする必要があるかどうかを判断します。当該都市計画の決定をする必要があると認めるときは、その案を作成しなければなりません。

(4) **都道府県都市計画審議会等への付議（都市計画法第21条の4）**

　都道府県又は市町村は、計画提案を踏まえた都市計画の決定又は変更をしようとする場合、都市計画の案を都道府県都市計画審議会等に付議します。このとき、当該都市計画の案にあわせて、当該計画提案の都市計画の素案を提出しなければなりません。

(5) **都市計画の決定等をしない場合（都市計画法第21条の5）**

　都道府県又は市町村は、計画提案を踏まえた都市計画の決定をする必要がないと判断したときは、遅滞なく、その旨及びその理由を、計画提案をした者に通知しなければなりません。

　都道府県又は市町村は、通知をしようとするときは、あらかじめ、都道府県都市計画審議会等に当該計画提案の都市計画の素案を提出してその意見を聴かなければなりません。

表　都市計画の提案状況

地方区分	都市計画法第21条の2		都市再生特別措置法第37条	
	都市数	提案数	都市数	提案数
北海道	1	15	1	1
東　北	7	14	0	0
関　東	17	30	4	23

北　陸	-	-	0	0
中　部	8	9	3	4
近　畿	4	4	3	10
中　国	4	9	1	1
四　国	-	-	1	1
九　州	9	15	0	0
沖　縄	-	-	0	0
合　計	50	96	13	40

平成20年3月31日現在　　　　　　　　　（国土交通省資料より）

7.3　都市計画の提案制度（都市再生特別措置法）

　都市再生特別措置法に規定する都市計画の提案制度は、都市再生緊急整備地域において、民間からの都市計画の発意を受け止めようとするものです。このことにより、民間による都市開発を積極的に誘導し、都市の再生を推進します。

(1)　**都市計画の提案（都市再生特別措置法第37条）**

　都市再生事業を行おうとする者は、都市計画決定権者に対し、事業を行うために必要な以下の都市計画の決定を提案することができます。

　都市再生特別地区、用途地域、高度利用地区、特定防災街区整備地区、再開発等促進区、開発整備促進区、市街地再開発事業、防災街区整備事業、土地区画整理事業、都市施設に関する都市計画

　この場合、当該提案に係る都市計画の素案を添えなければなりません。

　計画提案は、都市再生事業に係る土地の全部又は一部を含む一団の土地の区域について、次の事項を満たす必要があります。

- 都市計画の素案の内容が、都市計画法等の規定に基づく都市計画に関する基準に適合するものであること。
- 計画提案に係る都市計画の素案の対象となる土地の区域内の土地について所有権者等の2／3以上の同意を得ていること。
- 計画提案に係る都市計画の素案に係る事業が環境影響評価法に規定する環境影響評価の対象事業に該当するものであるときは、評価書の公告を行っていること。

(2)　**計画提案に対する都市計画決定権者の判断等（都市再生特別措置法第38条）**

　都市計画決定権者は、計画提案が行われたときは、速やかに、計画提案を踏まえた都市計画の決定をする必要があるかどうかを判断します。当該都市計画の決定をする必要があると認めるときは、その案を作成しなければなりません。

(3) 都道府県都市計画審議会等への付議（都市再生特別措置法第39条）
　都市計画決定権者は、計画提案を踏まえた都市計画の決定をしようとする場合、都市計画の案を都道府県都市計画審議会等に付議します。このとき、当該都市計画の案にあわせて、当該計画提案の都市計画の素案を提出しなければなりません。
(4) 都市計画の決定等をしない場合（都市再生特別措置法第40条）
　都市計画決定権者は、計画提案を踏まえた都市計画の決定をする必要がないと判断したときは、その旨及びその理由を、計画提案をした者に通知しなければなりません。
　都市計画決定権者は、通知をしようとするときは、あらかじめ、都道府県都市計画審議会等に当該計画提案の都市計画の素案を提出してその意見を聴かなければなりません。
(5) 都市計画の決定等に関する処理期間（都市再生特別措置法第41条）
　都市計画決定権者は、計画提案が行われた日から6ヶ月以内に、当該計画提案を踏まえた都市計画の決定をする又はしない旨の通知をします。

7.4　環境影響評価（環境影響評価法）

　大規模な都市施設や市街地開発事業を都市計画に定める場合には、環境影響評価法の都市計画特例（第39条～第46条）の規定により、都市計画決定権者が都市計画の手続のなかで環境影響評価を実施することが定められています。

(1) 環境影響評価
　環境影響評価は、開発事業の内容を決定するに当たって、その事業が環境にどのような影響を及ぼすかについて、調査、予測、評価を行い、その結果を公表して、住民、地方公共団体などが意見を出し、それらを踏まえて環境の保全の観点からよりよい事業計画を作り上げていこうという制度です。

(2) 環境影響評価及び都市計画手続の概要
　環境影響評価の手続は、大きく分けると
　・環境影響評価対象事業の決定
　・環境影響評価方法の決定
　・環境影響評価書の確定
　・環境影響評価を事業へ反映
という流れで進んでいきます。
　都市計画の手続は、環境影響評価の手続と並行して進め、一部の手続は同時に行います。
ア．環境影響評価準備書と都市計画の案の公告・縦覧を同時に行います。

イ．環境影響評価準備書と都市計画の案の説明会をまとめて行います。
ウ．環境影響評価書と都市計画の案を同時に都道府県都市計画審議会で審議します。
エ．環境影響評価書の確定の公告と都市計画決定の告示を同時に行います。

(3) **環境影響評価対象事業**

環境影響評価法の対象事業は、事業の規模により分類されます。環境影響の規模が著しいものとなるおそれがある事業として、環境影響評価の手続を必ず行わなければならない「第一種事業」と、「第一種事業」に準ずる規模を有し、個別にアセスメントが必要かどうかを判断する「第二種事業」があります。この判断のことをふるいにかけるという意味で、「スクリーニング」といいます。

表　環境影響評価対象事業

		第一種事業 （必ず環境アセスメントを行う事業）	第二種事業 （環境アセスメントが必要かどうかを個別に判断する事業）
1	道路 　高速自動車国道 　首都高速道路など 　一般国道	すべて 4車線以上のもの 4車線・10km以上	4車線以上・7.5km〜10km
2	河川 　ダム、堰 　放水路、湖沼開発	湛水面積100ha以上 土地改変面積100ha以上	湛水面積75ha〜100ha 土地改変面積75ha〜100ha
3	鉄道、軌道	長さ10km以上	長さ7.5km〜10km
4	飛行場	滑走路長2,500m以上	滑走路長1,875m〜2,500m
5	廃棄物最終処分場	面積30ha以上	面積25ha〜30ha
6	土地区画整理事業	面積100ha以上	面積75ha〜100ha
7	新住宅市街地開発事業	面積100ha以上	面積75ha〜100ha
8	工業団地造成事業	面積100ha以上	面積75ha〜100ha
9	新都市基盤整備事業	面積100ha以上	面積75ha〜100ha
10	流通業務団地造成事業	面積100ha以上	面積75ha〜100ha
11	宅地の造成事業 　（都市再生機構）	面積100ha以上	面積75ha〜100ha

（国土交通省資料より）

(4) **環境影響評価方法の決定**

生活環境や自然環境などの地域の特性によって、環境に対して重要視すべき

観点が異なります。このため、環境影響評価をより地域にあったものとするために、「環境影響評価方法書」を作成し、調査、予測、評価の方法を地域の特徴に配慮して決定します。この環境影響評価方法書は1ヶ月間縦覧し、提出された意見や地方公共団体の意見を踏まえ、調査、予測、評価の方法を決定します。この手続を「スコーピング」と呼びます。スコーピングとは「しぼりこむ」という意味です。

(5) 環境影響評価書の確定

都市計画決定権者は、実施した環境影響評価の結果や環境保全措置等の案を記載した「環境影響評価準備書」を作成します。この環境影響評価準備書には環境影響評価の結果を踏まえた事業の計画も示されます。準備書と都市計画の案は1ヶ月間の縦覧を行います。

縦覧期間中に、準備書と都市計画の案の内容を周知するための説明会を開催します。準備書の公表後、準備書の内容について意見のある人は、環境保全の見地からの意見を意見書の提出により述べることができます。

都市計画決定権者は、一般から提出された意見の概要と意見に対する見解を都道府県と市町村に送付します。都道府県知事は、市町村長の意見を聴いた上で、一般から提出された意見に配意して意見を述べます。都市計画決定権者は、提出された意見を検討し、必要に応じ準備書の内容を見直した「環境影響評価書」を作成します。

作成された評価書は、国土交通大臣に送付され、さらに、国土交通大臣から環境大臣に送付され、環境の保全の見地からの審査が行われます。審査の結果、国土交通大臣は、環境大臣の意見を勘案して環境の保全の見地から意見を述べます。

都市計画決定権者は、意見の内容を検討し、必要に応じて評価書の内容を見直した最終的な評価書を作成し、環境影響評価書と都市計画の案を都道府県都市計画審議会等に付議します。

都市計画決定権者は、最終的な評価書を作成したことを公告し、同時に都市計画決定の告示をします。

(6) 環境影響評価の事業への反映

事業者は評価書に記載されている環境保全措置について、適切な配慮をして事業を実施することが義務付けられます。

表　都市計画による環境影響評価件数

事業種別	平成11～18年度
道路	28
土地区画整理事業	9
新住宅市街地開発事業	2
鉄道	4
合計	43

(国土交通省資料より)

7.5　都市計画事業

「都市計画事業」とは、認可又は承認を受けて行われる都市計画施設の整備に関する事業及び市街地開発事業をいいます。都市計画事業の認可等を受けると、国庫補助事業等の対象となることがあるほか、事業地内での建築等の制限がかかるとともに、土地収用法の事業認定と同等の効果があります。

(1) **施行者（都市計画法第59条）**

都市計画事業は、市町村が、都道府県知事の認可を受けて施行します。

都道府県は、市町村が施行することが困難又は不適当な場合その他特別な事情がある場合においては、国土交通大臣の認可を受けて、都市計画事業を施行することができます。

国の機関は、国土交通大臣の承認を受けて、国の利害に重大な関係を有する都市計画事業を施行することができます。

国の機関、都道府県及び市町村以外の者は、事業の施行に関して行政機関の免許、許可、認可等の処分を必要とする場合においてこれらの処分を受けているとき、その他特別な事情がある場合においては、都道府県知事の認可を受けて、都市計画事業を施行することができます。例えば、地方道路公社は、道路整備特別措置法第12条の許可を受けて、指定都市高速道路の新設改築について、都市計画事業を施行することができます。

施行予定者が定められている都市計画施設の整備事業及び市街地開発事業は、その定められている者でなければ、施行することができません。

なお、都市計画に定められた道路や河川などの都市施設を、国、都道府県、特殊会社などが、都市計画法ではなく、道路法、河川法などに基づいて整備することがあります。

(2) **都市計画事業の認可等の告示（都市計画法第62条）**

国土交通大臣又は都道府県知事は、都市計画事業の認可又は承認をしたときは、遅滞なく、施行者の名称、都市計画事業の種類、事業施行期間及び事業地

を告示しなければなりません。

　市町村長は、都市計画事業の施行期間の終了の日又は事業の廃止の告示の通知を受ける日まで、都市計画事業認可の図書の写しを市町村の事務所において公衆の縦覧に供しなければなりません。

(3)　建築等の制限（都市計画法第65条）

　都市計画事業の認可等の告示があった後においては、次の行為を行おうとする者は、都道府県知事の許可を受けなければなりません。
- 当該事業地内において、都市計画事業の施行の障害となるおそれがある土地の形質の変更若しくは建築物の建築その他工作物の建設を行うこと。
- 移動の容易でない物件の設置若しくは堆積を行うこと。

　都道府県知事は、許可を与えようとするときは、あらかじめ、施行者の意見を聴かなければなりません。通常は、許可を与えられることはありません。

(4)　事業の施行についての周知措置（都市計画法第66条）

　都市計画事業の認可等の告示があったときは、施行者は、速やかに、公告するとともに、事業地内の土地建物等の有償譲渡について、制限があることを関係権利者に周知します。また、都市計画事業の概要について、事業地及びその附近地の住民に説明し、事業の施行について協力が得られるように努めます。

(5)　土地建物等の先買い（都市計画法第67条）

　都市計画事業の認可等の公告の日の翌日から10日以後に、事業地内の土地建物等を有償で譲り渡そうとする者は、その予定対価の額及び譲り渡そうとする相手方等を書面で施行者に届け出なければなりません。

　届出があった後30日以内に施行者が届出をした者に対し土地建物等を買い取る通知をしたときは、当該土地建物等について、施行者と届出をした者との間に届出書の予定対価の額に相当する代金で、売買が成立したものとみなします。

　届出をした者は、届出後30日以内（施行者が届出に係る土地建物等を買い取らない旨の通知をしたときは、その時までの期間）は、当該土地建物等を譲り渡すことはできません。

(6)　都市計画事業のための土地等の収用又は使用（都市計画法第69条、土地収用法）

　都市計画事業については、土地収用法上の「土地を収用し、又は使用することができる公共の利益となる事業」に該当するものとされ、同法の事業認定を受けたものとみなされます。土地収用法の概要は以下のとおりです。

ア．目的

　公共の利益となる事業に必要な土地等の収用又は使用に関し、その要件、手

続及び効果並びにこれに伴う損失の補償等について規定し、公共の利益の増進と私有財産との調整を図ります。
イ．土地を収用し、又は使用することができる事業
　土地を収用し、又は使用することができる公共の利益となる事業は、道路、河川等44施設とその施設に関する事業のために欠くことができない通路、橋、材料の置場、職員の詰所等の施設に関する事業に限ります。
ウ．事業の認定
　起業者は、当該事業又は関連事業のために土地を収用し、又は使用しようとするときは、事業の認定を受けなければなりません。
　事業の認定に関する処分を行う機関は、国土交通大臣（重要な事業、広域的事業）又は都道府県知事です。起業者は、事業の認定を受けようとするときは、必要事項を記載した事業認定申請書を、国土交通大臣又は都道府県知事に提出します。
エ．事業の認定の要件
　国土交通大臣又は都道府県知事は、申請に係る事業が次のすべてに該当するときは、事業の認定をすることができます。
- 事業が収容対象の施設に関するものであること。
- 起業者が当該事業を遂行する充分な意思と能力を有する者であること。
- 事業計画が土地の適正かつ合理的な利用に寄与するものであること。
- 土地を収用し、又は使用する公益上の必要があるものであること。
オ．事業の認定の告示
　国土交通大臣又は都道府県知事は、事業の認定をしたときは、遅滞なく、その旨を起業者に通知するとともに、起業者の名称、事業の種類、起業地、事業の認定をした理由及び図面の縦覧場所を告示します。市町村長は、起業地を表示する図面を、事業の認定が効力を失う日まで公衆の縦覧に供します。
カ．裁決申請
　起業者は、事業の認定の告示があった日から１年以内に限り、収用し、又は使用しようとする土地が所在する都道府県の収用委員会に裁決申請、明渡し採決の申立てをすることができます。
キ．収用委員会
　土地収用法に基づく権限を行うため、都道府県知事の所轄の下に、収用委員会を設置します。収用委員会は、独立してその職権を行います。
ク．収用委員会が行う手続
　① 裁決申請受理、明渡し採決申立書受理
　② 公告・写しの縦覧

③　採決手続開始の決定
④　審理（調査、鑑定）
⑤　権利取得採決、明渡し採決

ケ．損失の補償
　損失の補償は、原則として、起業者から土地所有者及び関係人の各々に、金銭で行うことになります。損失補償の裁決に当たっては、収用委員会は、起業者の申立てと土地所有者及び関係人の申立てとの範囲内で決定することになります。

(7) 税制上の優遇措置（租税特別措置法）
　都市計画事業に必要な用地取得のため支払われた補償金の課税については、租税特別措置法第33条、第33条の4に基づく税法上の優遇措置を受けることができます。

・代替資産を取得した場合の課税の特例
　　補償金で代替資産を取得した場合に、補償金の全部で代わりの資産を取得したときは、譲渡所得についての課税を繰り延べることができます。補償金の一部で代わりの資産を取得したときは、補償金のうち残った部分についてだけ税金がかかることになります。

・5,000万円の特別控除の特例
　　事業に必要な土地について、都市計画事業者が最初に買取りの申出を行った日から6ケ月以内に土地売買等の契約が成立すると、最高5,000万円を譲渡所得の金額から控除することができます。

(8) 受益者負担金（都市計画法第75条）
　国、都道府県又は市町村は、都市計画事業によって著しく利益を受ける者があるときは、その利益を受ける限度において、当該事業の費用の一部を受益者に負担させることができます。負担金の徴収を受ける者の範囲及び徴収方法については、国が負担させるものにあっては政令で、都道府県又は市町村が負担させるものにあっては当該都道府県又は市町村の条例で定めます。
　下水道事業では、多くの市町村が、受益者負担金を徴収しています。

(9) 都市計画税（地方税法第702条〜第702条の8）
　市町村は、都市計画法に基づいて行う都市計画事業又は土地区画整理法に基づいて行う土地区画整理事業に要する費用に充てるため、税を課することができます。
　当該市町村の区域で都市計画区域のうち市街化区域内に所在する土地及び家屋に対し、その価格を課税標準として、当該土地又は家屋の所有者に都市計画税を課することができます。

なお、当該都市計画区域について区域区分に関する都市計画が定められていない場合にあっては、当該都市計画区域の全部又は一部の区域について条例で定める区域で、都市計画税を課することができます。

表　平成19年度都市計画税徴収市町村

都市計画区域内市町村数		1,407
都市計画事業施行市町村数		1,059
都市計画税徴収市町村数		665
税率別市町村数	0.3/100	335
	0.28/100〜0.3/100	6
	0.26/100〜0.28/100	17
	0.24/100〜0.26/100	52
	0.22/100〜0.24/100	4
	0.2/100〜0.22/100	197
	0.18/100〜0.2/100	3
	0.16/100〜0.18/100	4
	0.14/100〜0.16/100	17
	0.12/100〜0.14/100	1
	0.1/100〜0.12/100	27
	0.1/100未満	2
都市計画税徴収額		（百万円） 1,133,598

（国土交通省資料より）

第8章　都市計画関係法

　都市計画法には、多くの関連する法律があります。まず、都市計画の上位計画である国の計画を定める法律群があります。また、地域地区、都市施設、市街地開発事業等を具体的に規定する法律群があります。

　都市における公共施設、建築物等の大規模な計画や事業は、都市計画という土俵（プラットフォーム）の上で、都市像との整合、地区での調整が図られ、実施に移されるシステムになっています。

図　都市計画関係法

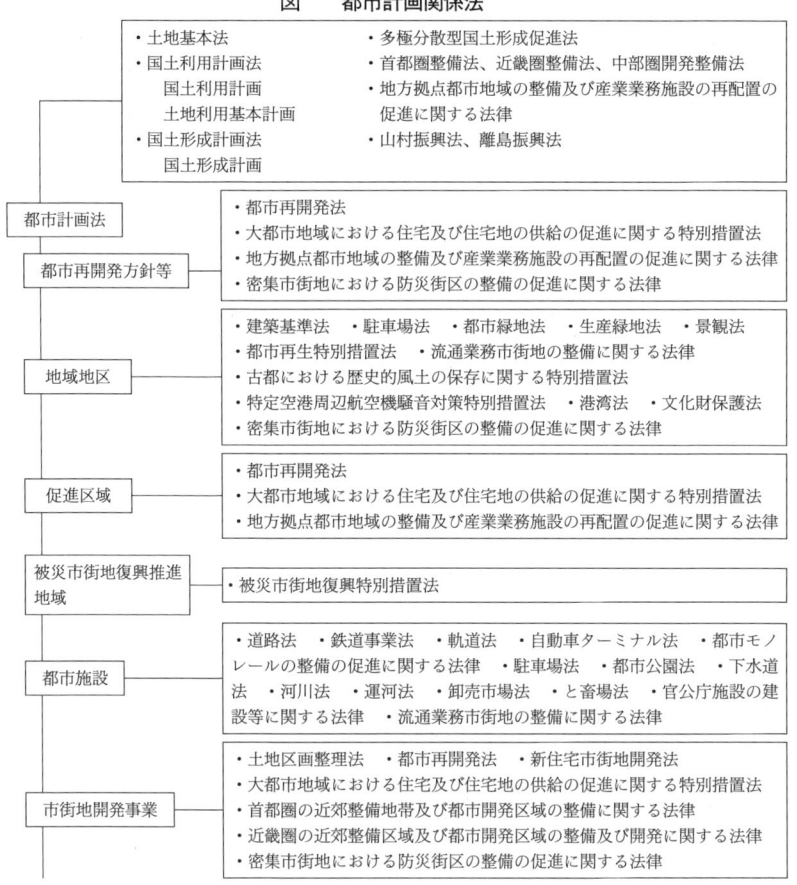

- 土地基本法
- 国土利用計画法
  - 国土利用計画
  - 土地利用基本計画
- 国土形成計画法
  - 国土形成計画
- 多極分散型国土形成促進法
- 首都圏整備法、近畿圏整備法、中部圏開発整備法
- 地方拠点都市地域の整備及び産業業務施設の再配置の促進に関する法律
- 山村振興法、離島振興法

都市計画法

都市再開発方針等
- 都市再開発法
- 大都市地域における住宅及び住宅地の供給の促進に関する特別措置法
- 地方拠点都市地域の整備及び産業業務施設の再配置の促進に関する法律
- 密集市街地における防災街区の整備の促進に関する法律

地域地区
- 建築基準法　・駐車場法　・都市緑地法　・生産緑地法　・景観法
- 都市再生特別措置法　・流通業務市街地の整備に関する法律
- 古都における歴史的風土の保存に関する特別措置法
- 特定空港周辺航空機騒音対策特別措置法　・港湾法　・文化財保護法
- 密集市街地における防災街区の整備の促進に関する法律

促進区域
- 都市再開発法
- 大都市地域における住宅及び住宅地の供給の促進に関する特別措置法
- 地方拠点都市地域の整備及び産業業務施設の再配置の促進に関する法律

被災市街地復興推進地域
- 被災市街地復興特別措置法

都市施設
- 道路法　・鉄道事業法　・軌道法　・自動車ターミナル法　・都市モノレールの整備の促進に関する法律　・駐車場法　・都市公園法　・下水道法　・河川法　・運河法　・卸売市場法　・と畜場法　・官公庁施設の建設等に関する法律　・流通業務市街地の整備に関する法律

市街地開発事業
- 土地区画整理法　・都市再開発法　・新住宅市街地開発法
- 大都市地域における住宅及び住宅地の供給の促進に関する特別措置法
- 首都圏の近郊整備地帯及び都市開発区域の整備に関する法律
- 近畿圏の近郊整備区域及び都市開発区域の整備及び開発に関する法律
- 密集市街地における防災街区の整備の促進に関する法律

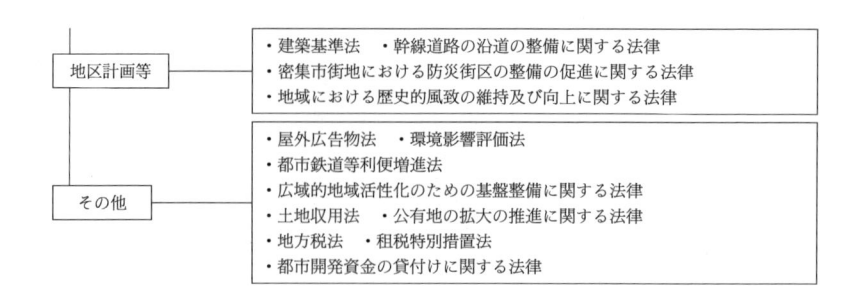

```
          ┌─────────────┬──────────────────────────────────────────────────┐
          │   地区計画等 │ ・建築基準法   ・幹線道路の沿道の整備に関する法律 │
          │             │ ・密集市街地における防災街区の整備の促進に関する法律│
          │             │ ・地域における歴史的風致の維持及び向上に関する法律 │
          ├─────────────┼──────────────────────────────────────────────────┤
          │   その他    │ ・屋外広告物法   ・環境影響評価法                │
          │             │ ・都市鉄道等利便増進法                           │
          │             │ ・広域的地域活性化のための基盤整備に関する法律    │
          │             │ ・土地収用法   ・公有地の拡大の推進に関する法律  │
          │             │ ・地方税法   ・租税特別措置法                    │
          │             │ ・都市開発資金の貸付けに関する法律               │
          └─────────────┴──────────────────────────────────────────────────┘
```

第二編　都市政策

　第一編都市計画では、都市計画の多岐にわたる制度を記述しました。これらの制度を駆使して、どのような都市を形成するのかということが問題です。都市はそれぞれの都市ごとに、歴史、地形、風土、広域交通条件、経済状況、市民性等が異なります。その都市の将来像を展望し、その実現に向けて都市計画制度を着実に運用しなければなりません。都市計画制度は、日本の都市が一般的に必要としている制度を提供します。そして、都市によって異なる制度を必要としている事項は条例で定められるようにしています。

　都市計画制度の設計は、日本の都市がどのような課題を持ち、それをどのように克服すべきか、また、どのような都市を目指すのかを検討し、その実現に必要な制度を提供するものです。都市計画制度自体は、そのような都市の課題や展望を必ずしも十分に語ってはいません。第二編都市政策では、都市計画制度の前提となっている国の都市政策を、国の計画や発表文書等から抽出再編し、わかりやすく記述します。

第9章　都市政策

「国土形成計画法」に基づき、今後おおむね10年間における国土づくりの方向性を示す計画として、「国土形成計画（全国計画）」が平成20年7月4日に閣議決定されました。第9章では、主として、この国土形成計画から都市政策に関する項目を抽出再編し、国の都市政策を概観します。

9.1　経済社会情勢の認識

(1)　本格的な人口減少社会の到来、急速な高齢化の進展

　我が国の総人口は2004年の約1億2,780万人をピークに減少局面に入り、今後本格的な人口減少社会を迎えます。2005年に1.26まで低下していた出生率は、2006年に1.32、2007年に1.34と上昇に転じたものの依然として低水準です。総人口は、国立社会保障・人口問題研究所の中位推計によると、2020年には約1億2,274万人、2030年には約1億1,522万人、2050年には約9,515万人になると見込まれます。総人口に占める高齢者の割合は、2005年には20％程度でしたが、2020年には30％弱、2030年には30％強、2050年には40％弱まで上昇すると見込まれます。

(2)　情報通信技術の発達

　情報通信技術の発達により、「いつでも、どこでも、何でも、誰でも」ネットワークとつながり、情報の自由なやり取りを可能とするユビキタスネットワーク社会の実現に向けた取組が進みつつあります。ユビキタスネットワーク社会の実現は、交通の発達による交流可能性の増大とあいまって、社会の在り方にも幅広い影響が見込まれます。遠隔地でも高度な情報へのアクセスが容易になることから、産業立地等の分散やテレワーク等勤務形態の多様化が進む可能性がある一方で、知的生産活動の集中が加速する可能性もあります。

(3)　安全・安心、地球環境、美しさや文化に対する国民意識の高まり

　近年、自然災害の激甚化や事故の多発化、感染症の発生、社会を震撼させる犯罪の続発などを背景に、安全・安心に対する国民の意識が高まっています。地球温暖化の進展が、地球レベルでの気温・海水面の上昇、洪水・高潮、干ばつ等の異常気象の増加等の広範な影響を及ぼすと予想されています。また、我が国は自然災害に対して極めて脆弱な国土条件を有していますが、特に近年は、大雨の増加などに伴い災害の増加や被害の甚大化の傾向が見られます。ま

た、我が国は世界有数の地震火山国であり、東海地震、東南海・南海地震、首都直下地震、日本海溝・千島海溝周辺海溝型地震等の大規模地震・津波の発生等も懸念されています。

また、資源やエネルギー不足の深刻化が懸念されるとともに、生態系の劣化、経済社会活動による国土や地球環境への負荷の増加などの課題が顕在化しています。このようななか、地球温暖化防止、循環型社会の構築、自然環境の保全・再生等、環境への国民の関心が高まっています。また、ゆとりや安らぎ、心の豊かさに関する国民意識の高まりのなか、美しい景観や文化芸術等に対する欲求がこれまで以上に強まっています。

(4) ライフスタイルの多様化

価値観の多様化、生涯可処分時間の増加等に伴い、多様なライフスタイルの選択が可能になってきています。これにより、テレワークなど働き方の多様化、大都市居住者の地方圏・農山漁村への居住など住まい方の多様化の動きなどが見られます。また、我が国では戦後、都市化の過程で核家族化や若年層の単独世帯化が進展してきました。近年、高齢者単独世帯の増加等家族形態の多様化が進展しています。一方、介護や子育て支援等のために親と子の世帯ができるだけ近距離にそれぞれ居住する「近居」の動きなども見られるようになっています。さらに、「多業」（マルチワーク）や複数の習い事や研究活動などを楽しむ「多芸」、複数の生活拠点を同時に持つ「二地域居住」の動きも出てきています。

多様な働き方、住まい方、学び方等を可能とする多選択社会を実現する必要があります。

(5) 多様な民間主体の成長

社会の成熟化、社会への貢献意識の高まり、価値観の多様化等により、災害時などのボランティア活動の広がりが見られます。このような背景の下、従来行政が担ってきた範囲にとどまらず、幅広い「公」の役割をNPO、企業など多様な主体が担いつつあります。この動きを積極的にとらえ、個人、企業等の社会への貢献意識をさらに促すとともに、地縁型のコミュニティーに加え地域の活性化や都市施設の管理などまちづくりを担う新しい主体の育成を図る必要があります。

(6) 財政的制約の高まり

人口減少や高齢化は、生産力の低下を招き、これに伴って投資余力はさらに低下します。他方、これまで整備されてきた社会資本の維持更新コストは着実に増加し、一層、財政的制約が高まると考えられます。このため、地域ニーズを的確に把握しつつ、効率的かつ効果的な都市整備・都市運営が求められています。

(7) 環境

長期的には地球温暖化による海水面の上昇や、大雨の頻度増加等の可能性が指摘されているなか、温暖化対策の国際的な枠組みづくりへ我が国として貢献するとともに、国内においても、防災対策、低炭素型の地域構造や交通システムの形成、森林の保全、健全な生態系の維持、循環型社会の構築等、地球規模の環境問題に対しての様々な対応が求められています。

9.2 都市の在り方

持続可能な地域を形成していくため、都市機能を相互補完する都市圏を一つの単位としてとらえ、都市の連携や構造転換を進め、暮らしやすく活力ある都市圏の形成を促進します。

(1) 都市圏の形成

モータリゼーションの進展等による生活様式や産業構造の変化を背景として、住民の生活行動や企業の活動が広域化しました。拠点性を有する都市と当該都市に依存している周辺地域が一体となった都市圏の形成が進行しています。

人口を地域別に見ると、一部地域においては当面増加しますが、それ以外の大半の地域においては減少が加速すると見込まれます。また、世帯数は当面増加することが見込まれます。今後、労働力の不足や社会保障給付の増加が見込まれるなか、市街地の荒廃、公共サービスの効率の低下や、様々な問題が懸念されます。

人口減少、高齢化、環境制約といった厳しい状況の下でも、国民が真に豊かさを実感できる社会を持続したいものです。そのためには、地域の活力の源泉となっている都市あるいは複数市町村からなる都市圏が、それぞれの特長をいかして、経済、文化、学術・研究、観光等の拠点となることが必要です。

今後は地域全体として人口密度が低下していくことが予想されるなかで、効率的な行政サービスや、商業、医療、福祉、教育の集積等これら多種多様な都市機能を維持増進するという課題に取り組む必要があります。特に、高度医療等のより高次な要求に対応していくためには、市町村を超えた広域的な都市圏による対応を行っていかなければなりません。

複数市町村からなる都市圏の形成に際しては、一定以上の人口規模や、公共交通等による圏域内の適切な到達時間が確保されることが重要です。

(2) 集約型都市構造（＊）

集約型の都市構造は、国土利用の効率化、高齢者等が都市機能を利用する際の利便性向上や CO_2 の排出量削減、街なかのにぎわいの創出などの点で優れ

ています。それぞれの地域の実情を踏まえた選択があり得るものの、今後目指していくべき都市構造の基本となるべきものと考えられます。

集約型都市構造への転換のためには、中心市街地等の拠点において、既存ストックの活用や市街地の再開発等を通じて、商業活動の活性化や街なか居住の推進など各種都市機能の集積を図ることが重要です。また、土地利用の整序・集約化を図りながら都市機能の効率を高めるため、郊外における都市開発を抑制し、都市内の低未利用地の有効利用を図ります。あわせて、土地利用と密接に関係している都市交通については、地方公共団体や公共交通事業者等の関係者が一体となり、ハード・ソフト両面からなる総合的な交通施策を戦略的に推進します。集約型都市構造を実現することにより、いわば「まちの顔」である中心市街地を活性化し、都市の活力を維持増進させることができます。

（＊）　集約型都市構造については「２．３　都市のマスタープラン(3) 都市像」を参照してください。

(3)　大都市のリノベーション

大都市圏を中心として、災害に対する脆弱性や交通渋滞など高度経済成長期の負の遺産を解消するとともに、ゆとりある生活や国際競争力のある産業が伸びることのできる環境を整えます。その際、発達した公共交通機関をいかしていく視点が重要です。加えて、大都市圏では今後急速に高齢化が進展するため、福祉施設の計画的整備のみならず在宅介護体制の充実などを進めていく必要があります。

また、大都市のベッドタウンとしての役割を果たしてきた郊外においては、人口の都心回帰による人口減少と急速な高齢化とがあいまって、一部の条件の悪い住宅地で空き家・空き地、老朽化した住宅が増加するおそれがあります。市街地の縮退への対応や自然・田園環境再生についての検討も含め、広域的な土地利用の再構築を推進します。さらに、大都市全体での緑の維持・増加を図ります。

また、環境面では、ヒートアイランド現象への対応のほか、自然環境の保全・再生、ゴミゼロ型都市への再構築、幹線道路の沿道等における良好な大気環境の確保、海面処分場の確保等を進めます。

(4)　産業の活性化

国民の生活の場としての安定した生活空間を構築していくためには、生活の糧としての産業を活性化させ、雇用を創出していくことが重要です。グローバル化の進展や科学技術の急速な発展など変化が激しい時代にあっては、産業の高度化や構造転換が常に求められています。地域経済を持続的なものとしていくためには、雇用機会を生み出す原動力、すなわち、地域が継続的に付加価値

を創造する力を高めなければなりません。そのためには、風土、文化、経済力、人的資源など地域資源を結集し、企業誘致、既存事業や産業の再編、中小企業や観光産業、地場産業、農林水産業等の活性化などの取組を展開させるべきです。

さらに、大学等は地域にとって重要な知的・人的資源であることから、大学等を含め広く教育・研究の振興を図るとともに、産学官連携による新産業の創出や地域の研究開発機能の強化を図り、地域への成果還元や大学等の知の拠点を核とした地域づくりを進めていきます。

地場産業、観光産業、農林水産業、建設業など地域経済・雇用と密接に関連する産業については、地域経済の足腰を強くするために、その活性化が必要です。

9.3 都市の整備

(1) 住生活

住宅は個人の私的生活の場であるだけでなく豊かな地域社会を形成する上で重要な要素であり、社会的性格を有する資産です。このため、耐震性や環境性能等の住宅の質を高めながら、住生活の質の向上を図ります。特に、今後予想される環境制約の一層の高まり等を踏まえ、耐久性の高い住宅ストックを形成し、循環型の住宅市場の整備、住み替え支援等を行います。

(i) 居住環境

これまでの住宅政策は、住宅の「量」の確保を通じて居住水準の向上等に一定の成果を挙げてきました。しかし、国民が真に豊かさを実感できる社会を実現するためには、良好なまちなみや景観、水・緑豊かで美しい居住環境の整備やユニバーサルデザインの推進により、国民の住生活全般の質の向上を図る政策への転換を図る必要があります。

また、日常生活において、災害や犯罪の危険性が低いことに加え、医療、子育て世帯や高齢者に対する福祉、教育といった生活に不可欠なサービスを過度な負担なく享受できる環境が重要です。このため、行政と、コミュニティーや企業等との連携と協働により、暮らしの安全・安心を確保します。

(ii) 良質な住宅ストック

現在及び将来の住生活の基盤となる良好な住宅の蓄積を目指して、耐久性に優れ、維持管理がしやすく、ライフスタイル等の変化に応じたリフォームにも柔軟に対応できる住宅の普及が必要です。耐震診断・耐震改修の促進、省エネルギー性能を始めとする環境性能の向上の促進、住宅のユニバーサルデザインの推進等により、住宅の長寿命化や品質・性能の維持及び向上を図ります。あ

わせて、住宅の履歴情報システムの構築、適切な維持管理・リフォームの促進等を図ります。これらを通じ、良質な住宅ストックをきちんと手入れして、超長期にわたって利用可能とするなど、長く大切に使う社会を実現します。

(2) 都市交通体系
(i) 歩いて暮らせるまち

　行政機関や教育研究機関、医療施設、商業施設等の広域的都市機能が効果的に集積したコンパクトなまちづくりを進めるためには、公共交通機関と自家用車が適切な役割分担の下にその長所をいかしあい、都市における移動の利便性が確保される必要があります。

　徒歩や自転車、公共交通機関の利用により医療、福祉、教育等のサービスを享受することができるよう、安全で快適に歩ける空間・環境の整備を図ります。これら生活に必要な諸機能がほどよくまとまった、歩いて暮らせるまちづくりを進めます。

　また、都市機能の集積を促進する拠点相互を公共交通により連絡し、その他の地域からのアクセスについても可能な限り公共交通により確保することで、過度に自家用車利用に依存しない都市を実現します。このため、土地利用施策と都市交通施策の一層の連携を図り、街なか居住や病院、学校、大規模小売店舗等の街なか立地を促進するなど、にぎわいのある市街地の整備を推進します。具体的には、ハード・ソフト両面からなる総合的な交通施策を戦略的に考えます。公共交通機関の整備、交通結節点の改善、トランジットモール（歩行者と公共交通が共存する道路空間）の形成、駐車場の整備・活用、歩行空間の確保、自転車の利用環境の整備、交通行動の変更を促すTDM（Transportation Demand Management　交通需要マネジメント）の推進、情報提供や誘導による自動車と公共交通の適切な役割分担等、まちの活性化のために必要な快適な空間づくりのための取組を行います。

(ii) 市街地交通環境

　ユニバーサルデザインを推進し、沿道緑化等による安全で快適な歩行空間ネットワークの形成や、他の交通主体と分離された自転車専用の走行空間の整備を推進します。幅の広い、ゆったりとした歩道や、電線等を地中に収容するための電線共同溝等の整備、わかりやすい道案内の実施、駐車場の適正配置を通じ、歩行者等に配慮した「地域の顔」として潤いのある道づくりを進めていくことが重要です。

　また、通学路、生活道路、市街地の幹線道路等において歩道を積極的に整備するなど、「人」の視点に立った交通安全対策を推進していくとともに、生活道路の事故対策として死傷事故発生割合が高い住居系地区又は商業系地区にお

いて、面的かつ総合的な事故抑止対策を実施することも重要です。

道路や公園の整備に当たっては、夜間の照明やなるべく死角をつくらない配置等、防犯へ十分配慮します。加えて、障害の有無、年齢、性別、言語等にかかわらず多様な人々が移動しやすいよう、交通結節点における利便性向上や乗継円滑化、駅等を中心とした一定の地域内における旅客施設だけでなく建築物も含めた連続的なバリアフリー空間の形成等、まち全体を視野に入れた取組を推進します。

(iii) 公共交通機関

人口減少・高齢化社会においても持続的で魅力ある地域を実現するためには、安全で円滑なモビリティの確保に向けた総合的な交通政策の取組を強化する必要があります。その際、交通に係る環境への負荷の低減を図る観点から、公共交通機関の活用を図ることが重要です。

大都市圏の都市鉄道については、新線建設や複々線化の推進のほか、オフピーク通勤の普及促進等を図ることにより、ピーク時混雑率をすべての区間のそれぞれについて150％以内、ただし東京圏については当面180％以内に緩和することを目指します。また、既存ネットワークを有効活用した連絡線等の整備による速達性の向上及び周辺と一体的な駅の整備による交通結節機能の高度化を図るほか、空港等の幹線交通拠点への交通の利便性の向上、運行に関する情報を即時的にわかりやすく提供するシステムの整備等を推進します。

また、都市圏の規模や構造に適切に対応し、人口減少の時代においても持続的な経営の可能な公共交通手段を確保するために、総合的な交通施策の戦略的な推進を図ります。地下鉄、LRT（Light Rail Transit　低床、軽量、高速等の次世代型路面電車）、モノレール、新交通システム、バス、BRT（Bus Rapid Transit　専用道路等を活用した高速バスシステム）等の公共交通の導入等により、様々な交通手段を適切に選択し整備します。それらの結節点において歩行者、自転車、自家用車、公共交通等の乗換えの円滑化を推進します。その際、複数の公共交通機関の事業者間の連携によるサービスの向上や、パークアンドライドやバスアンドライドの導入等を促進することが重要です。地方都市等においても、地域の需要に応じた旅客輸送を確保するため、コミュニティーバス（Community Bus　市町村などの自治体が住民の移動手段を確保するために運行する路線バス）や乗合タクシー等の普及促進により、高齢者や通学者など、自家用車で移動できない人のために公共交通手段の機能の維持・向上を図ります。

(iv) 都市の幹線道路

都市の幹線道路の隘路の解消と中心市街地等の自動車交通量の抑制や沿道環

境の保全を図ります。三大都市圏環状道路や都市間を相互に結ぶ高規格幹線道路、地域高規格道路等の整備を推進するほか、バイパス、環状道路の整備、主要幹線道路の整備、主要な渋滞箇所における交差点改良、踏切除却のための連続立体交差化等の対策を重点的に推進します。また、都市交通は、市街地の構造と密接に関係していることから、将来の都市像を踏まえて整備を進めることが必要です。

国際標準コンテナを積載したトレーラー等の貨物車交通の市街地への流入を回避するため、国際物流基幹ネットワーク等の幹線道路ネットワークの構築や、高規格幹線道路等のインターチェンジから港湾・空港への迅速な接続を可能とするアクセス道路等の整備、交通結節点における大規模物流拠点の形成促進を重点的に進めます。また、市街地における自動車交通の円滑化と安全の確保に向けて、業務目的の荷さばきのための駐車施設、道路空間等を活用した駐車場や駐車場案内システムの整備、VICS（Vehicle Information and Communication System）の拡充、ETC（Electronic Toll Collection System）の普及を推進します。都市内物流について、共同配送の導入促進等による効率化や荷さばき駐車場の整備等により物流システムの改善を推進します。

幹線道路では特定の区間に事故が集中していることから、事故の発生割合が高い区間において、事故抑止のための対策を、事故データの客観的な分析による事故原因の検証に基づき集中的に推進します。また、ITS（Intelligent Transport Systems）技術を活用した安全運転支援システムの導入を推進します。

(3) 景観形成

良好な景観は、美しく風格のある国土の形成と潤いある豊かな生活環境の創造に不可欠なものです。このため、国民共有の資産として、現在及び将来にわたってこれを享受できるよう、その整備・保全を図る必要があります。その取組については、地方公共団体、事業者及び住民が一体となって進めていくことが重要です。

地方公共団体による景観計画の策定や、景観地区、地区計画、緑化率規制等の規制誘導手法の推進を図ります。道路の無電柱化の推進、景観行政と連携した屋外広告物規制、水辺の活用等により、眺望や色彩にも配慮した良好なまちなみや景観の維持及び形成を図ります。また、都市公園の整備、都市空間の緑化、緑地の保全を通じた緑の再生や、河川整備、下水処理水の有効活用等を通じた水辺の再生や健全な水循環の再構築、適正な汚水処理の確保等により、環境負荷の低減を図るとともに空間の快適性を高めます。

地域固有の歴史や文化を再評価し、地域への愛着の醸成やそこに暮らしたく

なるような魅力を創出していくことが重要です。例えば、歴史的な建造物、伝統的な街並みや誇りとなる自然景観を有する地域においては、地域の合意形成を図りながらこれを一体として保全・継承し、より美しく個性的な街並みや自然環境と一体となった歴史的風土を形成していきます。

　市街化区域内農地については、市街地内の貴重な緑地資源であることを十分に認識し、保全を視野に入れ計画的な利用を図ります。

　ソフト面では、良好な景観形成のための基本理念の普及・啓発、多様な主体の参加に向けた景観に関する教育の充実、先進的な取組事例に関する情報提供、専門家の育成等を図ります。また、事業特性を踏まえ、事業の影響を受ける地域住民、その他関係者や学識経験者等の多様な意見を聴取しつつ景観評価を行い、事業案に反映させるという景観アセスメント（景観評価）システムの運用や、各事業の景観形成ガイドラインの活用等により、景観に配慮した社会資本整備を進めます。

(4)　災害

　大規模な地震及びこれによる津波、世界的に多発する集中豪雨、ゼロメートル地帯等における高潮等により、これまでにない多様で激甚な災害のリスクの増加や災害の広域化・複合化・長期化のおそれが高まっています。特に、地球温暖化により、海水面上昇や豪雨等が増加する可能性が指摘されており、今後ますます地域の災害のリスクが高まると考えられます。また、人口減少や高齢化によって、地縁型のコミュニティーが弱体化することが予想され、放置される国土の増大ともあいまって、社会の防災力低下が懸念されます。

(i)　災害対策

ア．事前システムの構築

　災害時における国民の迅速で安全な避難が可能となるように、汎用性が高く緊急時にあっても利用しやすいハザードマップの整備・普及を推進します。また、生活道路や学校等の既存施設の有効活用も図りつつ、避難路・避難地を確保します。その際、避難地等における食料や生活必需品、緊急復旧資機材等の備蓄を促進します。

　また、甚大な災害による経済的・社会的被害の軽減に向け、業務継続計画や事業継続計画（BCP：Business Continuity Plan）の策定を官民それぞれの立場で進めます。

イ．事中システムの構築

　2次災害の発生等も含めた被害発生・拡大を防ぐため、防災行政無線、携帯電話網、インターネット等の多様な手段を活用した、迅速で正確な災害情報の収集・伝達体制を整備します。避難勧告・避難指示のほか災害時要援護者など

を対象とした避難準備情報の発出等のための体制整備を促進します。

ウ．事後システムの構築

電子掲示板等の情報通信技術の活用により正確な被災情報や安否情報を迅速に伝達します。また、ライフラインの早期復旧を図るほか、帰宅困難者対策や災害復旧に向けた資機材・人材の確保のための広域的な体制整備を促進します。

被災者の生活再建を促し、被災地の速やかな復興を図るため、自然災害に係る各種の保険、融資及び支援金等、生活の安定のための多様な制度を整備します。被災者の自立意識、生活再建意欲を高めるための支援を行います。

(ii) 都市機能の確保

国や広域ブロックの経済・社会機能の中枢を担う大都市圏及び地方の拠点都市においては、相互支援のネットワーク化と、中枢機能のバックアップ体制の強化が必要です。発災時の緊急輸送や連絡手段の確保に向け、交通・情報通信網における迂回ルート等の余裕性（リダンダンシー）の強化を図ります。さらに、官民それぞれの立場から、中枢機能の代替性強化を含めた業務継続計画や事業継続計画（BCP）の策定を進めます。

(iii) 都市型災害に対する取組

人口・資産の集積により被災時に被害が大きくなる可能性が高まっている都市圏では、近年の集中豪雨の発生等による甚大な被害の発生に加え、地下空間利用の増加による地下街の浸水等、新たな形態の浸水被害も発生しています。高規格堤防の整備等による壊滅的な被害の防止、校庭等における雨水貯留浸透の推進、防災街区の整備等の密集市街地対策を進めます。

豪雪地帯においては、克雪対策として、高速交通から歩行者空間に至る交通基盤の除排雪の充実を推進します。また、面的な消融雪施設の整備や電線類の地中化、克雪型の住宅団地の整備、除排雪機能の高い河川や下水道の整備、下水再生水の活用、下水道管渠等を活用した消融雪施設の整備、公共空間を利用した雪捨て場の確保を促進します。

(iv) 地震対策

大規模地震は、想定される被害が甚大かつ深刻であるため、避難地となるオープンスペースを確保するとともに、防災関連機関等による実践的な危機管理体制を確立します。また、行政のみならず住民、企業、NPO等様々な主体が自分たちの地域の問題として防災対策に取り組む防災協働社会の実現を図ります。

堤防など国民の生命・財産を守る防災施設については、地震等によりその機能を失することのないよう、耐震対策を推進します。主要な鉄道、道路、港

湾、空港等の基幹的な交通施設等については、安全かつ安定した輸送サービスの確保に加え救助・救援活動や緊急物資輸送等の途絶防止の観点から耐震強化を行い、輸送ネットワークの充実に努めます。加えて、地域の防災拠点となる学校を始めとする公共施設等の建築物、住宅のほか、通信施設、ライフライン施設等の耐震化を推進します。

密集市街地においては、老朽住宅の除去及び建て替えを促進するとともに、避難・延焼防止に有効な道路等の整備の推進を図ります。その際、都市計画道路等の整備と一体的に沿道建築物の不燃化も促進することによって避難路・延焼遮断帯として機能する防災環境軸の形成を進めます。

(5) **環境保全**

(i) 地球温暖化防止

京都議定書に基づく温室効果ガスの6％削減約束の確実な達成と、さらなる長期的・継続的な排出削減対策を図り、低炭素社会を構築していくことが重要です。「低炭素社会づくり」は、生活の豊かさの実感と、CO_2排出削減が同時に達成できる社会の実現を目指すものです。社会の隅々まで環境に対する配慮と技術が進展し、従来からの技術や新しい革新的技術の普及により、環境保全と両立しながら豊かな生活と経済成長が確保できる社会です。

このような認識の下、我が国が排出する温室効果ガスの9割を占めるエネルギー起源のCO_2の削減を図ります。個別のエネルギー関連機器や事業所ごとの省CO_2化に向けた対策や、国民運動の展開などの横断的な対策を引き続き推進するとともに、さらに抜本的な対策を行います。中長期的には、都市及びその他の地域の構造や交通システムの抜本的な見直し、エネルギー消費主体間の連携等による経済社会システムの見直し等により、エネルギー需給構造そのものを省CO_2型に変えていくことが重要です。このため、以下のとおり地域全体での低炭素化を推進します。

ア．集約型都市構造の実現、複数の施設・建物への効率的なエネルギー供給といったエネルギーの面的利用や、緑化によるヒートアイランド対策等を通じた低炭素型の地域づくり

イ．円滑な道路交通の実現に資する環状道路等幹線道路ネットワークや高度道路交通システム（ITS）の整備、公共交通機関の利用促進や低公害車の導入促進等、交通関連の対策

ウ．貨物輸送の効率化、輸送機関の低公害化、モーダルシフト等の物流体系全体のグリーン化

エ．地域のバイオマス資源（再生可能な、生物由来の有機性資源で化石資源を除いたもの）を活用したバイオマスタウンの構築、未利用エネルギーや新エ

ネルギー等の特色あるエネルギー資源の効率的な地産地消等

　また、環境対策とは別目的で行われる取組や事業においても、CO_2の排出削減や、熱環境改善のための冷気の発生源となる緑地や水面の効率的な配置に取り組むとともに、住宅・建築物の省エネルギー対策を促進します。

(ⅱ)　ヒートアイランド対策等

　我が国の平均気温は20世紀の100年で約1℃上昇し、なかでも東京は都市活動の増大と過密化による熱環境の悪化（ヒートアイランド現象）も加わって気温が約3℃上昇しているといわれています。このため、特に大都市においては、エネルギー消費量の抑制、保水力の向上、風の通り道を確保する観点からの水と緑のネットワークの推進等によって環境負荷の少ない都市構造を形成することが必要です。具体的には、複数の施設間でのエネルギーの融通や風、太陽光・熱などの自然エネルギー・廃熱などの未利用エネルギーといった地域の特色あるエネルギー資源の徹底活用、緑地や水面の確保、湧水や下水再生水等の活用、保水性の高い舗装材の活用等を進めます。

　さらに、廃棄物の不法投棄の防止、ゴミゼロ型都市への再構築、海面処分場の確保、沿道等における良好な大気環境の確保、汚水処理対策等を通じた水質の保全等を進めます。

(ⅲ)　環境影響評価の実施

　都市計画に係る事業の実施に際して、自然環境の保全を図るには、環境影響評価の実施等を通じて、保全すべき場所の改変を避け、あるいは、これを最小にするなどの対策を優先しつつ、適切な対策を講ずる必要があります。

　このため、環境影響評価について、引き続き、技術手法のレビューや、方法書手続の機能を十分に発揮するための検討、関係者間のコミュニケーションを進めるための手法開発等を進めます。

(6)　**多様な主体の参画（＊）**

　生活の質の高さを求める意識変化が進むなかで、個人、NPO、企業等の民間主体の活動領域や活動形態も多様化、高度化し、私的な利益にとどまらない公共的価値を創出するという状況が生まれています。

　このような多様な民間主体をまちづくりの担い手ととらえ、それらと行政とが有機的に連携する仕組みを構築することにより、地域の課題に的確に対応していくことの可能性が高まっています。

　かつて地域経営の重要な担い手であった地縁型のコミュニティーは、都市においては生活様式の都市化等に伴って衰退し、地縁型のコミュニティーが担っていた機能について、行政への移行が進んできました。

　今後の地域の在り方を考える上では、自治会のほか、小学校区等を単位とす

るPTA、地域の商店主で構成する商店会等、住んでいる土地に基づく縁故を前提とした従来からの地縁型のコミュニティーが再び必要とされています。これら地縁型のコミュニティーに加え、特に都市において成長しているNPO、大学等の教育機関、地域内外の個人等多様な人々と、企業、それらに行政も含めた様々な主体が、目的を相互に共有して緩やかに連携しながら活動を継続することを促します。この際、住民生活や地域社会が直面している課題に対して、様々な主体が、地域固有の文化、自然等に触発されて芽生える地域への思いを共有しながら、当初の段階から、主体的、継続的に参加することを期待します。これにより、地域のニーズに応じた解決やきめ細かなサービスの供給等につなげます。

多様な主体によるまちづくりは、例えば、高齢者福祉、子育て支援、外国人等への身近な生活支援、防犯・防災対策、居住環境整備、環境保全、都市施設のマネジメント、地域交通の確保など地域における広汎な課題に対応できます。

（＊）国土形成計画では「新たな公」と表現していますが、本書では「多様な主体」と言い替えています。

第10章　中心市街地活性化

「中心市街地の活性化に関する法律」に基づく「中心市街地の活性化を図るための基本的な方針」が閣議決定（平成18年9月8日、一部変更平成19年12月7日）されました。また、国土交通省から政策課題対応型都市計画運用指針「中心市街地の機能回復」が発表されました。第10章では、この二つの文書を中心に再編して、国の中心市街地活性化の政策を記述します。

10.1　現状と課題

ア．全国の中心市街地の多くが、衰退又は停滞している状況にあります。特に中小都市の中心市街地では、20〜30年前から衰退が始まり、居住者の高齢化や人口減少が進むとともに、建築物の老朽化も目立っており、長期間にわたり衰退又は停滞している状況が多く見られます。

イ．中心市街地は、長い歴史の中で文化・伝統を育み、都市の核として各種の機能を培ってきた「街の顔」です。このような「街の顔」の衰退又は停滞は、「街のアイデンティティーの喪失の危機」ともいうべきものです。

ウ．中心市街地の衰退の一つの要因として、都市の拡大に伴う新たな投資が新市街地に集中し、中心市街地には、新規投資が減少してきたことが考えられます。この半世紀の間に、都市への人口集中が急激に進み、住宅地の需要の高まりに応えるため、郊外部で計画的な新市街地の整備が図られてきました。

エ．多くの都市では、中心市街地で市街地再開発事業の実施等の努力を積み重ねています。しかし、中心市街地の地価は高く、地価負担力の低い住宅や公共公益施設の導入による中心市街地の再生は、実際には困難でした。大規模で安価な敷地を求めて、公益的施設を始めとする大型施設の郊外部への立地が加速しました。多くの地方公共団体が郊外部へ庁舎、教育施設、病院等の公益的施設を移転させてきました。

オ．自動車の普及と道路整備の進展を背景として、いわゆる流通革命もあり大規模店舗が郊外部へ展開してきました。近年は、モータリゼーションの一層の進展により、自動車での移動を前提とした広域都市圏や車社会に対応した都市の形成が進んでいます。例えば広幅員道路沿いでは郊外型ショッピングセンターや貨物の集配所等の沿道型施設の立地が進むなど、より広域での都市間競争が激化しています。

カ．中心市街地では、居住者の高齢化や人口減少、商業活動の衰退等により、空き家、空き店舗や空き地が発生しています。権利関係のふくそうや後継者難、狭小な敷地等からこれらに対する新規投資が行われにくく、商店街や住宅が陳腐化・老朽化しています。
　人口が郊外へ流出したのは、中心市街地では、住宅が狭小で住環境も劣ること、住居費が高いこと、自動車が使い難いこと等が要因となっています。

キ．中心市街地の地権者自身が、再開発の合意形成や改修等の新規投資に積極的でない場合もあります。地方公共団体や地域団体と協働して地域をまとめられるリーダーが不在である場合が多く見られます。

ク．郊外部における開発は、バイパス等の整備に伴い地域の潜在力が高まるなかで、農業者は農地転用を望み、地方公共団体は税収増や雇用拡大を望んだこと等を背景として進められてきました。このようななかで、平成10年の商業政策の転換により、商業施設等の立地規制は、大規模店舗立地法による地域環境を守るための調整のほかは、地方公共団体が都市計画の観点から行うこととなりました。また、中心市街地活性化法により中心市街地の改善と活性化を図ることとなりました。

ケ．郊外部の大規模開発は、当該都市の中心市街地に影響を与えるのみならず、周辺の都市に対しても影響を及ぼしかねません。また、隣接・近接した複数の都市の中心市街地については、都市間競争や適切な役割分担を図る観点から、必要に応じ、その規模や機能を調整すべきです。

コ．以上をまとめると、中心市街地の機能回復を図るため、以下の観点から、まちづくりの基本方向について検討する必要があります。
- 中心市街地の住環境や住宅は、新市街地と比較して魅力があるか。
- 中心市街地への自動車、公共交通機関、徒歩等によるアクセスが確保されているか。
- 中心市街地の住民や地権者が主体となったまちづくりの態勢はできているか。
- 都市計画と商業、農業、住宅政策等他の行政分野との連携が図られているか。
- 商業に関して、マスタープラン等を通じて、必要な広域調整が図られているか。

10.2　基本的な考え方

(1) 中心市街地の政策的位置付け
　中心市街地は、以下のとおり中心市街地でなければ果たせない多くの役割を

有しています。
① 商業、業務、文化、行政、医療、娯楽など各種の機能が集積していることによって、多くのサービスがまとめて受けられます。このことにより、住民や来街者の多様なライフスタイルを満たす多くの選択肢を提供しています。
② 多様な都市機能が身近に備わっていることから、高齢者にとっては車を使わずに歩いて暮らせる居住の場となっています。
③ 公共交通ネットワークの拠点として整備されていることを含め既存の都市ストックが確保され、地域の核として機能します。
④ 街の誇りとなる歴史的建造物や文化財の蓄積があり、伝統的行事を継続・活用する場を提供しています。これらの活動を通じて住民の交流が図られ、コミュニティー形成の場ともなっています。
⑤ 商工業者その他の事業者や各層の消費者が近接し、相互に交流することによって効率的な経済活動を支える基盤としての役割を果たすことができます。
⑥ 過去の投資の蓄積を活用しつつ、各種の投資を集中することによって、投資の効率性が確保できます。
⑦ コンパクトなまちづくりが、地球温暖化対策に資するなど、環境負荷の小さなまちづくりにもつながります。

(2) **中心市街地選定の考え方**
　中心市街地の状況は、都市の規模、歴史、立地、基盤整備と郊外開発の状況、関係者の意向等により様々です。都市計画の観点からこれらの事情を地域ごとに十分検討した上で、都市の将来像を設定し、そのなかで集積を図るべき中心市街地を選定します。

(3) **中心市街地に導入すべき機能**
　従来の中心市街地は、地価負担力の関係等から立地施設が商業業務系に偏る傾向がありました。今後は、郊外部の機能との役割分担を勘案の上、住宅や公益的施設をバランスよく中心市街地に確保し、複合的な機能を誘導することが望ましいといえます。具体的には、商業、業務の他に居住、文化、教育、福祉、行政、観光等多様な機能の導入を図ります。

(4) **中心市街地以外の地域との役割分担**
　中心市街地の機能回復の実効をあげるためには、中心市街地とそれ以外の地域との間で適切な役割分担がなされ、その上で、各種の施策が実施される必要があります。中心市街地以外の地域における各種公益施設の整備や商業開発は抑制的にならざるを得ません。例えば、商業開発や公益施設等の立地は、次の

ような考えも必要になります。
　①　適切な用地が確保できる場合は、商業開発や公益施設等の立地は、中心市街地を最優先とします。適切な用地が確保できない場合は、既成市街地や用途地域内での立地を誘導します。
　②　原則として、郊外部での商業開発や公益施設等の立地を不可とします。
(5)　官民の適切な役割分担
　中心市街地の機能回復の成功の鍵は、官と民がそれぞれ果たすべき役割を自覚し、実行に移すことにあります。基本的には、公共施設の整備や計画コントロールは公的セクターが当たり、建築活動は民間セクターが当たるという官民の役割分担をします。

10.3　中心市街地の活性化に関する法律

　中心市街地の活性化を推進するため、「中心市街地における市街地の整備改善及び商業等の活性化の一体的推進に関する法律」（平成10年制定）が、平成18年に改正されました。新法である「中心市街地の活性化に関する法律」の概要は以下のとおりです。

ア．目的
　少子高齢化の進展、消費生活の変化等の社会経済情勢の変化に対応して、中心市街地における都市機能の増進及び経済活力の向上を総合的かつ一体的に推進します。

イ．中心市街地活性化本部
　内閣に、中心市街地活性化本部を置きます。本部は、本部長（内閣総理大臣）、副本部長（国務大臣）及び本部員（すべての国務大臣）をもって組織します。
　本部は、次の事務をつかさどります。
・基本方針の案の作成に関すること。
・認定の申請がされた基本計画についての意見に関すること。
・基本方針に基づく施策の実施の推進に関すること。
・中心市街地の活性化に関する施策で重要なものの企画立案総合調整に関すること。

ウ．基本方針
　政府は、中心市街地の活性化を図るための基本方針を定め、閣議決定を行います。

エ．基本計画
　市町村は、基本方針に基づき、中心市街地の活性化に関する施策を総合的か

つ一体的に推進するための基本計画を作成し、内閣総理大臣の認定を申請することができます。

内閣総理大臣は、認定の申請があった基本計画が基準に適合すると認めるときは、その認定をします。

オ．基本計画の主な記載事項
① 中心市街地の活性化に関する基本的な方針・目標・計画期間
② 中心市街地の位置及び区域
③ 市街地の整備改善のための事業等に関する事項（土地区画整理事業、市街地再開発事業、道路、公園、駐車場等の公共の用に供する施設の整備、空地契約等）
④ 都市福利施設整備事業に関する事項（学校、図書館などの教育文化施設、病院、診療所などの医療施設、高齢者介護施設、保育所などの社会福祉施設）
⑤ 住宅供給及び居住環境向上のための事業に関する事項（公営住宅等整備事業、中心市街地共同住宅整備事業、地方住宅供給公社の事業等）
⑥ 商業活性化のための事業及び措置に関する事項（中小小売商業高度化事業、特定商業施設等整備事業、独立行政法人中小企業基盤整備機構事業等）
⑦ 公共交通機関の利用者の利便増進事業、特定事業に関する事項

カ．中心市街地活性化協議会
中心市街地の活性化の推進に関し必要な事項について協議するため、中心市街地整備推進機構等は、中心市街地ごとに、規約を定め共同で中心市街地活性化協議会を組織することができます。民間事業の実施者等が参加します。

キ．認定中心市街地における特別の措置
・土地区画整理事業の保留地の特例
　換地計画において、都市福利施設（国、地方公共団体、中心市街地整備推進機構等が設置するもの）又は公営住宅等の用に供するため、一定の土地を換地として定めないで、その土地を保留地として定めることができます。
・路外駐車場についての都市公園の占用の特例
・中心市街地公共空地等の設置及びこれに係る樹木保存法の特例
・民間都市開発法の事業用地適正化計画の認定の特例
・中心市街地共同住宅供給事業に対する支援制度
・地方住宅供給公社の設立の要件に関する特例
・大規模小売店舗立地法の特例

商業機能の郊外移転等を背景とした中心市街地の疲弊が進んでいます。大規模小売店舗立地法の新設又は変更の手続等を緩和することを通じ、中心市街地における大規模小売店舗の立地を促進し中心市街地の商業等の活性化を図るものです。
- 独立行政法人中小企業基盤整備機構の事業
- 共通乗車船券制度に係る届出の簡素化

ク．認定特定民間中心市街地活性化事業に対する特別の措置
- 特定民間中心市街地活性化事業計画の認定
  特定民間中心市街地活性化事業を実施しようとする者は、単独で又は共同して、中心市街地活性化協議会の議論を経て、特定民間中心市街地活性化事業計画を作成し、主務大臣の認定を申請することができます。
- 特別の措置
  中小企業信用保険法の特例
  地方税の不均一課税等

ケ．中心市街地整備推進機構
市町村長は、営利を目的としない法人であって、次の業務を適正に行えるものを、中心市街地整備推進機構として指定することができます。
- 中心市街地の整備改善事業を行う者に、情報の提供、相談その他の援助を行うこと。
- 中心市街地の整備改善に資する建築物、公共施設等を整備する事業を行うこと又は当該事業に参加すること。
- 中心市街地の整備改善を図るための土地の取得、管理及び譲渡を行うこと。
- 中心市街地公共空地等の設置及び管理を行うこと。

10.4 都市計画手法の活用方法

(1) 都市計画の考え方

ア．都心・副都心等の中心市街地の機能分担、公益的施設も含めた各種機能の立地方針、交通政策及び中心市街地とそれ以外の地域との役割分担の方針を総合的に整合性のとれた形で明示します。

イ．用途の誘導については、中心市街地の役割、機能の多様化を図り、商業業務施設と住宅を核として、より幅広い機能の混合に努めます。

ウ．中心市街地衰退の端緒が人口の郊外流出にあったことを踏まえ、その原因であった狭小な住宅や低質な住環境及び車社会へ適合していない状況の改善を図ります。このため、平面的・立体的に十分に利用されていない空間に居住空間を創出するため、狭小な敷地を統合し集合住宅の立地を進め、住みや

すい魅力あるまちづくりに取り組みます。街並みや気候風土と調和し、中心市街地の居住環境の改善に資する集住形式を追求します。

エ．居住人口の増加とあわせて、外部からの来街者を増加させるためには、街の魅力を高めることが必要です。交流人口の増加を目的とした集客施設や街並みの整備、商業政策等と歩行者の回遊動線整備等の連携の強化、中心市街地への交通アクセスの向上などを進めます。

オ．住民や事業者等の発意を尊重し、その意見を十分に聴くとともに、地方公共団体内部で公共施設管理者、商工業、住宅部局等と十分に連携を図ります。

(2) **中心市街地内部における個別都市計画手法の活用**

(ｉ) 居住人口の増加施策

ア．中心市街地において住宅の増加を図るため、比較的高い容積率が設定されている地域では、商業施設の上部に住宅の併設を誘導することが考えられます。その際、中心市街地で建築物の建て替えが相当程度行われることが想定される場合には、機能的で魅力ある市街地の形成を誘導するために街並み誘導型地区計画を活用することが考えられます。また、住宅の立地誘導を積極的に図るために用途別容積型地区計画や高層住居誘導地区等を活用することが考えられます。中心市街地全体の密度を上げて住宅を誘導する余地がある場合には、用途地域及びそれに伴う容積率等の見直しを行い、あわせて用途地域を補完する特別用途地区や高度利用地区等を活用することも考えられます。

イ．中心市街地内又はそれに隣接・近接して工場跡地等の低未利用地がある場合には、それを中心市街地の居住人口の増加に有効活用します。その際、用途地域の見直しや再開発促進区を定める地区計画等により用途転換を行い、住宅を誘導することが考えられます。また、地権者の意向がまとまっている地区や公共施設の整備の必要性が高い地区については、面整備事業を促進します。土地区画整理事業によって基盤を整備しつつ低未利用地を集約化することや、市街地再開発事業等を実施することにより、都市基盤整備と一体となった土地の有効利用や高度利用を図り、住宅整備を推進します。

ウ．地価負担力の高い他の用途と競合した場合に住宅が排除されることを防ぐため、地区計画や特別用途地区を活用して立体的な用途規制を設け、住宅用途を確保することが考えられます。その際、既存の居住者の居住継続に配慮しながら、地権者等による建て替えを誘導することにより、土地の有効利用を図ります。また、敷地整序型土地区画整理事業等による敷地統合や用途地域等による最低敷地規模制限等により中心市街地の敷地再編を円滑に進めま

す。
エ．中心市街地に高層住宅を誘導する場合には、複数の高層住宅が近傍の住宅地との間で日照や通風の問題を生じたり、高層住宅相互間で日照や眺望の問題を生じたりしないように計画します。地区特性に応じて高度利用地区や特定街区等を活用すること、高度地区による高さ制限を設けることや地区計画等の詳細な都市計画を定めておくことが考えられます。中心市街地の周辺地域においては、中低層住宅地の居住環境を保持するため、高度地区による高さ制限や地区計画の設定のほか、容積率の見直しや住居系の用途地域への変更等を行っておくことも考えられます。また、短期間に大量の住宅が増加する可能性がある場合には、学校、病院等の公益施設や、道路、上下水道等の公共施設への負荷についても、関係部局と連携を図り、事前に検討します。
オ．中心市街地の住宅整備とあわせて地区道路、公園、水辺等の快適な空間の整備を進め、魅力ある住環境を創出します。その際、市街地再開発事業、土地区画整理事業、再開発促進区を定める地区計画等やセットバック規制（高度利用地区、特定街区、地区計画等）の活用により、このような空間を建築物の敷地内や屋上に整備することが考えられます。
カ．特に密集市街地においては、計画的な再開発による防災街区の整備を促進し、地震や火災に対する市街地の安全性を高めるとともに、居住の快適性の向上を図ります。その際、歴史的環境の保全に配慮しつつ、防火・準防火地域、防災再開発促進地区、防災街区整備地区計画等を設定し、防災性の向上を図る事業を実施することが考えられます。
キ．中心市街地及びその外縁部において、高齢者の生活利便性を確保するため、高齢者のための施設の整備や機能更新を誘導します。用途地域の見直しや地区計画等の活用により、建築できる用途の範囲や建築物の密度等の見直しを図り、病院、高齢者福祉施設等の立地を図ります。

(ii) 来街者の増加施策

ア．中心市街地には、魅力ある商業施設、公益的施設、社会福祉施設、文化施設等の多様な都市的サービスを享受できる施設の立地を図ります。街並み誘導型地区計画や市街地再開発事業等を活用して、魅力ある街並み景観を備えた集客力のある商業集積を誘導するとともに、公的な施設を立地させ、複合的な用途を確保します。
イ．中心市街地で都市の顔となり、景観形成の軸となる道路は、アメニティー空間等のため十分な幅員を持つ道路とすることが考えられます。このようなシンボルとなる道路では、必要な交通機能を担う車道幅員を確保した上で、広幅員の歩道や緑化空間を整備します。また、地区計画等によるセットバッ

ク空間の確保等を通じて、沿道の建築物と一体となり都市の顔にふさわしい景観形成を図ります。

ウ．中心市街地の魅力を高めるため、景観に配慮したまちづくりを行います。建築物等の外観のデザインに関する方針を作成し、市町村マスタープラン等に位置付けます。この方針を実現するための景観地区、地区計画等を定め、商店街等に面した建築物の形態、意匠、配置、色彩等を規制します。

エ．商業施設については、テナントミックス等が容易に行われるよう配慮するとともに、空き店舗や空き施設の情報の配信等を通じて、テナントの入替えを適宜行い、消費者や利用者にとって魅力のあるまちづくりを行います。この場合、地方公共団体は、NPOや住民等とも連携して、ソフト施策をいかした回遊動線を確保するための広場や歩行者空間等の整備やまちづくり専門家の派遣支援等を行い、集客力の向上を図ります。また、歴史的な建築物や城壁等が中心市街地に存する場合には、広域からの集客を増加させるため、景観地区や地区計画等の設定により、できる限り保全及び活用を図ります。

オ．広場、歩道等の歩行者空間の計画に当たっては、歩行者の交通量や溜まり空間を考慮してその規模を定めるなど、賑わいや回遊性を勘案して歩行者のネットワークを形成します。また、都市のシンボルとなる広場等の空間に加え、トランジットモール（＊）や地域の活性化の核となるイベント等ができる空間にも配慮して計画を定めます。さらに、中心市街地内でのあらゆる通行者の円滑な移動を確保するため、バリアフリー新法に基づき、歩道の段差解消、スロープ等の設置を行い、ユニバーサルデザインに配慮した歩行者動線を確保します。

（＊）トランジットモールとは、中心市街地のメインストリートなどで一般車両を制限し、道路を歩行者・自転車とバスや路面電車などの公共交通機関に開放することでまちのにぎわいを創出しようとするものです。

カ．中心市街地へは、徒歩、自転車、公共交通機関、自動車等により快適にアクセスできるよう計画します。このうち自動車によるアクセス性を向上させるためには、中心市街地へのアクセス道路の交通混雑の解消と中心市街地における駐車場の適正配置が必要です。中心市街地における駐車場の整備に当たっては、その出入口をトラフィック機能重視道路やにぎわい空間に面して設置しないように配慮します。また、一定規模以上の都市においては、中心市街地へのアクセス性の向上のため、バス交通を始めとする公共交通機関の利便性の確保を図ることも重要です。このため、公共交通機関のための道路空間の確保、公共交通の沿線における市街地密度の高度化、交通結節点の整備等を行います。

第11章　都市再生

「都市再生特別措置法」に基づく「都市再生基本方針」が平成19年12月7日に閣議決定されました。第11章では、この基本方針から都市再生に関する国の政策をまとめます。

11．1　都市再生の意義及び目標

(1) 都市再生の意義

21世紀の我が国の活力の源泉である都市について、急速な情報化、国際化、少子高齢化等の社会経済情勢の変化に対応して、その魅力と国際競争力を高めます。

また、都市再生は、民間に存在する資金やノウハウなどの民間の力を引き出し、それを都市に振り向け、さらに新たな需要を喚起することから、経済再生の実現につながるものです。

さらに、都市再生は、土地の流動化を通じて不良債権問題の解消に寄与します。

(2) 都市再生の目標

我が国の都市を、文化と歴史を継承しつつ、豊かで快適な、さらに国際的に見て活力に満ちあふれた都市に再生し、将来の世代に「世界に誇れる都市」として受け継ぐことができるようにします。

その際、以下の観点を重視します。

ア．高度成長期を通じて生じていた都市の外延化を抑制し、求心力のあるコンパクトな都市構造に転換を図ります。

イ．地震に危険な市街地の存在、慢性的な交通渋滞、交通事故など都市生活に過重な負担を強いている「20世紀の負の遺産」を解消します。

ウ．国際競争力のある世界都市、安心して暮らせる美しい都市の形成、持続発展可能な社会の実現、自然と共生した社会の形成などの「21世紀の新しい都市創造」に取り組みます。

エ．施設等の新たな整備にあわせ、これまで蓄積された都市資産の価値を的確に評価し、これを将来に向けて大切にいかしていきます。

オ．先進的な産業活動の場としての側面と暮らしや生活を支える側面という都市があわせ持つ二つの機能を充実させ、国民生活の質の向上を図ります。

11.2 基本的な方針

(1) 都市再生に取り組む基本姿勢
　都市再生を重点的に実施するため、以下の考え方に沿って対象地域、対象分野などを特定し、優先順位をつけて関係省庁が施策を集中します。これにあわせて、関係地方公共団体等とも相互に協力しあって各種施策を戦略的に推進します。

(2) 都市再生施策の対象地域
　都市が我が国の活力の源泉であることにかんがみ、全国それぞれの都市について、その地域の実情に応じて的確な都市再生を進めることが必要です。

ア．我が国の経済の牽引役となる東京圏、大阪圏など大都市圏が国際的に見て地盤沈下していることから、この大都市圏を、豊かで快適な、かつ、経済活力に満ちあふれた都市に再生することに取り組みます。

イ．地方都市を始めとする各都市については、人と自然との共生、豊かで快適な生活を実現するためのまちづくり、市街地の中心部の再生、鉄道による市街地分断の緩和・解消など、共通する横断的な、かつ、構造的な課題を抱えており、これらの課題に重点を置いて都市の再生に取り組みます。

(3) 都市再生施策の重点分野
　都市再生の施策を進めるに当たって、その対象分野としては、以下に掲げる施策を重点分野とします。「都市機能の高度化」と「都市の居住環境の向上」に向けて、関係省庁の施策を、施設整備だけでなく規制改革など必要な制度改善を含め、総合的に推進します。

ア．活力ある都市活動の確保
- IT等を活用した交通渋滞・交通事故対策
- ボトルネック踏切、渋滞ポイント解消
- 民間投資誘発効果が高い都市計画道路等の優先整備
- 通勤・通学混雑解消
- 国際物流機能の強化など物流の効率化・円滑化　等

イ．多様で活発な交流と経済活動の実現
- 国際交流機能の強化や都市観光の推進
- ITなど将来成長産業の育成
- 地域に密着した商業を始めとする都市型の産業の活性化
- 大学など高等教育機関等と各種都市機能の連携・一体化　等

ウ．災害に強い都市構造の形成
- 密集市街地の整備

- 震災対策
- 都市型水害対策　等

エ．持続発展可能な社会の構築
- 廃棄物・リサイクル対策
- 都市公害対策
- 地球温暖化対策・ヒートアイランド対策
- 自然との共生等水や緑をいかしたまちづくり
- 美しい都市づくり　等

オ．誰でも能力を発揮できる安心で快適な都市生活の実現
- バリアフリー
- 職住近接のまちづくり
- 既存住宅ストックの改修・更新
- 保育・介護等生活支援サービスの充実
- 都市型犯罪対策
- 安全でおいしい水の確保　等

11.3　都市再生緊急整備地域

(1)　都市再生緊急整備地域の指定基準

　都市再生特別措置法第2条第3項に基づき、都市計画・金融等の諸施策の集中的な実施が想定され、市街地の整備を緊急かつ重点的に推進する必要があると判断した地域であって、以下の具体的な指定基準に該当する地域を「都市再生緊急整備地域」として指定します。

ア．早期に実施されることが見込まれる都市開発事業等の区域に加え、その周辺で、土地所有者の意向や地方公共団体の定めた計画等に基づき都市開発事業等の気運が存在すると認められる地域。

イ．都市全体への波及効果を有することにより、都市再生の拠点となる的確な土地利用の転換が将来見込まれる地域。

(2)　都市再生緊急整備地域の具体的な地域イメージ

　都市再生緊急整備地域の指定基準に該当すると考えられる都市再生緊急整備地域の具体的な地域イメージの例は以下のとおりです。

- 高度成長期を牽引してきた重厚長大産業用地等で、大規模土地利用転換が見込まれる地域
- 駅等交通結節点及びその周辺で、生活・交流等の拠点形成が見込まれる地域
- メインストリート等基盤が整備されている市街地で、建物更新・共同化等

が見込まれる地域
- 既成市街地において広幅員の道路整備を行う地域で、沿道の一体的開発が見込まれる地域
- 防災上危険な密集市街地で、一体的総合的な再開発が見込まれる地域
- バブル経済の遺産ともいえる虫食い土地等細分化された土地の集約化と有効利用が見込まれる地域
- その他、大規模な民間都市開発投資が見込まれる地域

(3) **都市再生緊急整備地域における施策の集中的実施**

都市再生緊急整備地域においては、民間の時間感覚にあわせ、その創意工夫を最大限にいかします。都市再生特別措置法において規定している都市計画特例、金融支援措置だけでなく、許認可の適切な運用、公共施設等の重点的な整備や、都市再生上必要となる施策について、国及び関係地方公共団体が総力をあげ、緊急かつ重点的な実施に努めます。さらに、施策効果の発現状況等を踏まえ、これらの取組について集中的実施のために不断の見直しを行います。

また、都市再生緊急整備地域の整備に当たって、関係省庁、地方公共団体及びその他の関係者の意見調整が不可欠な場合には、都市再生緊急整備協議会を組織し、透明な手続のなかで時間を限って関係者間で調整を行い、迅速にその解決を図ります。

平成21年7月現在、65地域6,612haが、下表のとおり、都市再生緊急整備地域に指定されています。

表　都市再生緊急整備地域

都道府県名	都市名	地域名	○　都市再生特別地区 ●　認定都市再生事業計画	面積
北海道 2地域	札幌市	札幌駅・大通駅周辺地域	○北3西4地区 ○北2西4地区	163ha
		札幌北四条東六丁目周辺地域		
宮城県 2地域	仙台市	仙台駅西・一番町地域	○一番町三丁目南地区 ○中央一丁目広瀬通地区	125ha
		仙台長町駅東地域		
埼玉県	さいた	さいたま新都心		115ha

2地域	ま市	駅周辺地域		
	川口市	川口駅周辺地域	●サッポロビール埼玉工場跡地（リボンシティ）開発事業	
千葉県 4地域	千葉市	千葉蘇我臨海地域		185ha
		千葉駅周辺地域 千葉みなと駅西地域		
	柏市	柏駅周辺地域		
東京都 8地域		東京駅・有楽町駅周辺地域	●（仮称）東京駅八重洲口開発事業 ○丸の内1-1地区 ●（仮称）大手町地区第一次再開発事業 ○大手町地区 ○丸の内2-1地区 ●三菱商事ビル・古河ビル・丸ノ内八重洲ビル建替計画（丸の内2-1地区） ○大手町一丁目6地区 ○日本橋室町東地区 ○銀座四丁目6地区 ○京橋二丁目16地区	2,514ha
		環状二号線新橋周辺・赤坂・六本木地域	●南青山一丁目団地建替プロジェクト ●（仮称）東京ミッドタウンプロジェクト ●（仮称）赤坂五丁目TBS開発計画	
		秋葉原・神田地域	●（仮称）UDXビル計画（秋葉原3-1街区） ○淡路町二丁目西部地区 ○神田駿河台三丁目9地区	
		東京臨海地域	●臨海副都心有明南LM2・	

			3区画開発事業 ●晴海二丁目地区都市再生事業 ●勝どき6丁目地区市街地再開発事業 ●（仮称）フジテレビ臨海副都心スタジオ計画 ●豊洲二丁目4-1街区・6街区商業施設建設事業	
		新宿駅周辺地域	○西新宿一丁目7地区	
		環状四号線新宿富久沿道地域		
		大崎駅周辺地域	○●大崎駅西口E東地区（(仮称)大崎西口開発計画） ○大崎駅西口A地区 ○北品川五丁目第1地区	
		渋谷駅周辺地域	○渋谷二丁目21地区	
神奈川県 11地域	横浜市	横浜山内ふ頭地域	○山内ふ頭周辺地区	615ha
		横浜駅周辺地域		
		横浜みなとみらい地域	●みなとみらい50街区W地区開発プロジェクト ●（仮称）MM21-28街区開発計画	
		戸塚駅周辺地域		
		横浜上大岡駅西地域		
	川崎市	川崎殿町・大師河原地域 浜川崎駅周辺地域 川崎駅周辺地域	●（仮称）川崎駅西口堀川町地区開発事業	
	藤沢市	辻堂駅周辺地域		

	相模原市	相模原橋本駅周辺地域		
	厚木市	本厚木駅周辺地域		
岐阜県 1地域	岐阜市	岐阜駅北・柳ヶ瀬通周辺地域	○日ノ出町2丁目地区	30ha
静岡県 2地域	静岡市	東静岡駅周辺地域		91ha
	浜松市	浜松駅周辺地域	○鍛冶町地区	
愛知県 3地域	名古屋市	名古屋千種・鶴舞地域	●千種二丁目（仮称）地区共同開発事業	428ha
		名古屋駅周辺・伏見・栄地域	○●名駅四丁目7番地区〔（仮称）名駅四丁目7番地区共同ビル建設事業〕 ○名駅四丁目27番地区	
		名古屋臨海高速鉄道駅周辺地域		
京都府 4地域	京都市	京都駅南地域		254ha
		京都南部油小路通沿道地域		
	京都市・向日市	京都久世高田・向日寺戸地域		
	長岡京市	長岡京駅周辺地域		
大阪府 12地域	大阪市	大阪駅周辺・中之島・御堂筋周辺地域	○心斎橋筋一丁目地区 ○淀屋橋地区 ○角田町地区 ○梅田二丁目地区 ○大阪駅地区 ○西本町一丁目地区 ○本町三丁目南地区 ○小松原町地区	1,077ha

			○大阪駅北地区 ○中之島四つ橋筋地区	
		難波・湊町地域	●なんばパークス 2 期事業	
		阿倍野地域	○阿倍野筋一丁目地区	
		大阪コスモススクエア駅周辺地域		
	堺市	堺鳳駅南地域		
		堺東駅西地域		
		堺臨海地域	●（仮称）堺第 2 区臨海部開発事業	
	豊中市	千里中央駅周辺地域	●千里中央地区再整備事業	
	高槻市	高槻駅周辺地域	○大学町地区	
	守口市	守口大日地域	●三洋電機・大日地区開発計画	
	寝屋川市	寝屋川萱島駅東地域		
		寝屋川市駅東地域		
兵庫県 4 地域	神戸市	神戸ポートアイランド西地域		371ha
		神戸三宮駅南地域	○●三宮駅前第 1 地区	
	尼崎市	尼崎臨海西地域		
		西日本旅客鉄道尼崎駅北地域		
岡山県 1 地域	岡山市	岡山駅東・表町地域		47ha
広島県 2 地域	広島市	広島駅周辺地域	○若草町地区 ○広島駅南口Bブロック	84ha

	福山市	福山駅南地域		
香川県 1地域	高松市	高松駅周辺・丸亀町地域	○高松丸亀町商店街A街区及び内町地区 ●高松丸亀町商店街民間都市再生事業	51ha
福岡県 5地域	北九州市	小倉駅周辺地域	○小倉駅南口東地区	451ha
		北九州黒崎駅南地域		
	福岡市	福岡香椎・臨海東地域		
		博多駅周辺地域		
		福岡天神・渡辺通地域	●新天神地下街建設事業	
沖縄県 1地域	那覇市	那覇旭橋駅東地域		11ha
65地域				6,612ha

平成21年7月1日現在　　　　　　　　　　　　　　　　　　（国土交通省資料より）

11.4　都市再生整備計画（都市再生特別措置法第46条第1項）

(1)　自主性と創意工夫による全国の都市再生の推進

　稚内から石垣まで全国の都市を対象として、身の回りの生活の質の向上と地域経済の活性化を図る都市再生の取組を推進します。

　市町村の意欲的取組に対する国等の支援の基本的枠組みは以下の3項目です。

- ・まちづくり交付金
- ・都市再生に必要な権限の一体化
- ・行政と民間まちづくり活動の連携・協働

　市町村が都市再生特別措置法第46条第1項の規定に基づき作成する「都市再生整備計画」は、次の方向性のもとに策定されるべきと考えられています。

- ・市町村の自主性を尊重。
- ・少子・高齢化等の地域社会の変化の動向、歴史・風土・景観、環境、産業構造、交通上及び市街地の安全上の課題などの地域の特性に応じて計画。
- ・地域の有形・無形の資源を活用し、創意工夫を発揮。

(2) **都市再生整備計画における視点等**

　都市再生整備計画は、計画期間内において迅速に実施すべき具体的事業・施策を内容とします。また、以下の視点を重視されるべきと考えられています。

- 得られる成果を重視すること。
- 既存施設の活用、ソフト施策との連携を重視すること。
- 構造改革特別区域、地域再生計画、中心市街地活性化基本計画、観光施策等の関連施策と連携し、相乗効果の発揮を図ること。
- 計画・事業・運営への地域住民・地域組織の積極的参加を促し、民間のアイデア・ノウハウ等の活用を図ること。
- まちづくりに関する住民、企業、大学、NPO、専門家等の民間活動との協働を図ること。

第三編　　都市計画の歩み

　1945年の第二次世界大戦終結後の日本の都市計画の歩みを振り返ります。

　第12章では、20世紀後半の約半世紀に、日本の都市計画が何を行ったかを述べます。戦後の住宅も道路もなく、大半の都市の中心部が焼失していた状況から、都市がいかに整備されてきたかを記述します。

　第13章では、昭和43年の新都市計画法制定後、都市政策の課題は変遷し、それにつれ都市計画の法制度も改正されてきた過程を記述します。

第12章　戦後の都市計画

　第二次世界大戦終戦の1945年から、2000年までの20世紀後半の約半世紀の間、日本の都市計画が何をしてきたのか振り返ってみます。この間、日本の都市計画が集中的に努力した項目は、国の予算配分や制度設計からみて、次の4点だったと考えられます。
①戦災復興
②都市への人口集中に対応した宅地供給
③モータリゼーションに対応した道路整備
④都市環境の改善

12．1　戦災復興

(1)　戦災復興事業

　太平洋戦争の空襲被害は、215都市、面積6万4,500haに及びました。昭和20年11月戦災復興院が設置され、12月には「戦災地復興計画基本方針」を閣議決定して、戦災115都市を対象に復興事業を行うこととしました。
　その内容は、関東大震災の震災復興に倣って土地区画整理事業を活用することとしたほか、土地利用計画を策定することとしたのが特徴です。また、街路について主要幹線は大都市では幅員50m以上、中小都市では幅員36m以上として、必要に応じ50〜100mの広幅員道路や広場を設けたこと、緑地については市街地面積の10％以上とし、市街地外周にグリーンベルトを設けたことなど、極めて先進的・理想的な計画が予定されました。
　昭和21年9月「特別都市計画法」が制定され、10月には115都市6万5,000haが戦災都市に指定されました。

(2)　戦災復興事業の見直し

　このように、理想的な市街地に復興することを目指して開始された戦災復興土地区画整理事業でしたが、開始後すぐ、「経済安定9原則―ドッジライン―」により緊縮財政のための公共事業全体の見直しが行われました。戦災復興都市計画についても、24年6月その見直しである「戦災復興都市計画の再検討に関する基本方針」が定められました。全国的に、区画整理区域の縮小、街路幅員の縮小、公園緑地の廃止縮小などが行われましたが、熱意が高く、着手が早かった都市では圧縮の度合いは小さいもので済みました。最終的には戦災都市

102都市の2万8,000haで戦災復興土地区画整理事業が行われました。

(3) 各地の戦災復興土地区画整理事業

戦災復興土地区画整理事業は、多くの地方都市で、既成市街地を中心に行ったことが特徴です。名古屋、仙台、広島、豊橋、福井、姫路、富山など多くの都市で抜本的な都市構造の改造を実現するとともに、整備した街路、公園は多くの都市でその後の急速な都市化を支えるのに役立ちました。名古屋、広島の100m道路、仙台、堺、鹿児島、姫路、富山などの広幅員の並木道、都心の公園などは、その代表例です。

ア．東京

東京では、1万5,840haの罹災面積に対し、戦災復興院は当初2万200haを戦災復興都市計画区域に決定し、これを受けて東京都は昭和20年12月「帝都復興計画要綱案」を作成しました。その内容は、都市施設については区部の43％に当たる面積の緑地地域の計画、100m幅の道路を含む広幅員街路の計画など、極めて理想的なものでした。

昭和21年4月から9月に土地区画整理区域2万165haが都市計画決定され、あわせて、放射34路線、環状9路線の街路、3,200haの公園・緑地が決定されました。同年11月に土地区画整理事業の事業決定の区域は、上記区域から震災の帝都復興事業実施区域を除外した約1万haとなりました。

ドッジラインに基づく見直しでは、計画過大論が強く、技術者の不足等の事情もあって、交通、消防などの緊急地区に縮小し、最終的には1,274haが施行されました。これは、戦災復興都市計画区域の6％、事業決定区域の13％に過ぎません。

そのなかで、駅前広場築造事業は重点的に実施され、渋谷、新宿、池袋、大塚、大井町など30か所21.6haで実現しました。また、新宿駅東口、錦糸町、池袋西口などでは強制執行を含めたマーケットの整理も行われました。これらによって、鉄道駅周辺地域が、交通拠点だけではなく、商業・文化施設が集まる拠点として発展する基礎になりました。

イ．名古屋

名古屋市では、東京を上回る3,451haの土地区画整理事業を施行しました。

ドッジラインによる再検討でも、焼け残り家屋密集地や名古屋城郭内などの除外、道路計画の一部見直しなどが行われたのみであり、中心市街地を含む地区について市街地の抜本的改造が、ほぼ計画通り実施されました。

都市計画道路は、500m間隔で幅員25m以上の幹線道路と、その中間に幅員16m以上の補助幹線道路を配置し、特に久屋大通、若宮大通りは100m幅員の強力な防火帯としました。

また、仏教各派の協力で戦災復興墓地整理委員会を結成して、東山公園に隣接する92haの平和公園に施行地区内の墓地を集中移転させました。

ウ．その他の都市

　仙台市は500haの被害を受け、165haの戦災復興土地区画整理事業を実施しました。当初広すぎると批判のあった道路も今日では大きな財産となり、「青葉通り」「定禅寺通り」を始めとする並木道は、杜の都の象徴となっています。

　福井市は、被災率92.5％に達する戦災に加え、昭和23年6月の福井地震でさらに壊滅的な被害を受けました。昭和21年から41年に罹災地区のほぼ全域557haで土地区画整理事業を実施しました。

　そのほか、施行面積では大阪市、神戸市、広島市、鹿児島市などで、施行した区域の割合では津市、福山市、高松市、松山市、高知市、八幡市（現北九州市）、福岡市、大牟田市などで大規模に戦災復興事業が行われ、戦後の発展の基礎となる中心市街地の基盤整備が行われました。

12.2　都市への人口集中に対応した宅地供給

(1)　都市部の人口急増

　太平洋戦争後の都市化の圧力は強力でした。第一次産業の衰退、第二次産業化、第三次産業化、核家族化、交通体系の革新等があいまって、都市部のなかでも大都市圏の人口の増加、世帯数の増加は、著しいものがあります。統計からその動向を見ます。

表　市部郡部人口推移

年次		市部		郡部	
		人口	構成比	人口	構成比
		（千人）	（％）	（千人）	（％）
昭和20年	1945	20,022	27.8	51,976	72.2
昭和25年	1950	31,366	37.3	52,749	62.7
昭和30年	1955	50,532	56.1	39,544	43.9
昭和35年	1960	59,678	63.3	34,622	36.7
昭和40年	1965	67,356	67.9	31,853	32.1
昭和45年	1970	75,429	72.1	29,237	27.9
昭和50年	1975	84,187	75.9	26,972	24.1
昭和55年	1980	89,187	76.2	27,873	23.8
昭和60年	1985	92,889	76.7	28,160	23.3
平成2年	1990	95,644	77.4	27,968	22.6
平成7年	1995	98,009	78.1	27,561	21.9

| 平成12年 | 2000 | 98,865 | 78.7 | 27,061 | 21.3 |
| 平成17年 | 2005 | 110,253 | 86.3 | 17,503 | 13.7 |

（国土交通省資料より）

　市部郡部に分けた人口構成比を見ると、市部人口は1945年で20百万人28％から、2000年には98百万人79％に増加しています。驚異的な人口移動ですが、ただこれには市町村合併により町村人口が市人口に吸収されるという影響も含まれています。

表　人口集中地区の推移

年次		人口集中地区		左記以外	
		人口	構成比	人口	構成比
		（千人）	（％）	（千人）	（％）
昭和35年	1960	40,830	43.3	53,472	56.7
昭和40年	1965	47,261	47.6	51,948	52.4
昭和45年	1970	55,997	53.5	48,668	46.5
昭和50年	1975	63,825	57.0	48,117	43.0
昭和55年	1980	69,935	59.7	47,125	40.3
昭和60年	1985	73,344	60.6	47,705	39.4
平成2年	1990	78,152	63.2	45,459	36.8
平成7年	1995	81,255	64.7	44,316	35.3
平成12年	2000	82,810	65.2	44,116	34.8
平成17年	2005	84,331	66.0	43,425	34.0

（国土交通省資料より）

　都市部の市街地人口を表す人口集中地区の統計は、1960年から始まっています。この年は、41百万人43％でしたが、2000年には、83百万人65％が人口集中地区に居住しています。40年間で倍増していることがわかります。

図　大都市圏の人口推移

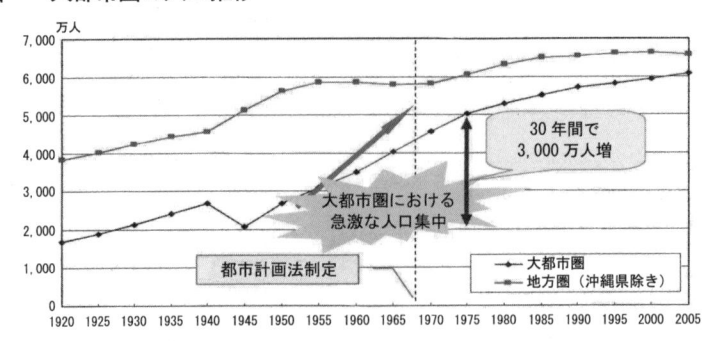

（国勢調査より作成）

大都市圏：埼玉県、千葉県、東京都、神奈川県、愛知県、三重県、京都府、大阪府、兵庫県

　都市部の人口増加がどの地方で起こったかを見たのが、上の図です。大都市圏を構成する1都2府6県の人口は、1945年に約20百万人でしたが、2000年には約60百万人と3倍に増加しました。なかでも1945年から1975年の30年間で30百万人の増加（平均すると1年で百万人の増加）は急激なものです。

(2) 宅地の供給

　この人口増加に対して、住宅・宅地は、世帯数に対応して供給する必要があります。核家族化が進行したため、1世帯当たり人口は、下表のとおり1958年に4.8人から1998年に2.8人まで減少し、世帯数は2.4倍になりました。大都市圏では、人口増に加えてそれを上回る率の世帯数の増加により、膨大な住宅・宅地需要が発生しました。これに応えて、住宅数は1948年には絶対的不足状況であった14百万戸から1998年には戸数的には余裕のある50百万戸と3.6倍に増加しました。

表　住宅数・世帯数推移

年次	住宅数 総数	指数	居住世帯あり	居住世帯無し	世帯数	世帯人員	1世帯当たり人数
	千戸		千戸	千戸	千世帯	千人	
昭和23年　1948	13,907	100	13,848	59			
昭和33年　1958	17,934	129	17,432	503	18,647	89,033	4.8
昭和38年　1963	21,090	152	20,372	718	21,821	93,441	4.3

昭和43年	1968	25,591	184	24,198	1,393	25,320	99,814	3.9
昭和48年	1973	31,059	223	28,731	2,328	29,651	108,255	3.7
昭和53年	1978	35,451	255	32,189	3,262	32,835	114,998	3.5
昭和58年	1983	38,607	278	34,705	3,902	35,197	119,306	3.4
昭和63年	1988	42,007	302	37,413	4,594	37,812	122,659	3.2
平成5年	1993	45,879	330	40,773	5,106	41,159	124,607	3.0
平成10年	1998	50,246	361	43,922	6,324	44,360	126,331	2.8
平成15年	2003	53,891	388	46,863	7,028	47,255	127,458	2.7

出典　総務省「住宅統計調査報告」「住宅・土地統計調査報告」

図　宅地供給の推移

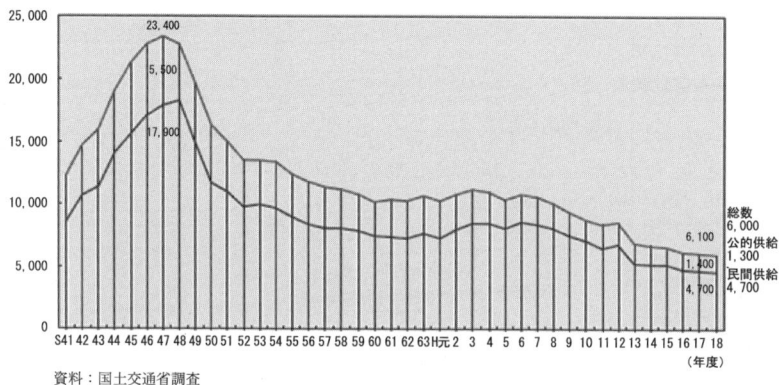

資料：国土交通省調査

注）公的供給とは、独立行政法人都市再生機構、地方公共団体等の公的機関による供給であり、これらの機関の土地区画整理事業による供給を含みます。

注）民間供給とは、民間宅地開発事業者、土地所有者等の民間による供給であり、組合等の土地区画整理事業による供給を含みます。

注）ミディアムグロスペース（住宅の敷地面積に細街路、小公園等を加えてカウントした面積）の数値です。

上の図は、宅地供給の推移を見たものですが、ピーク時（昭和47年）には、23,400haが1年間に供給されました。1ha当たり80人が居住すると仮定すると、187万人の宅地が供給されたことになります。

膨大な住宅建設需要に応えるには、大都市圏を中心に一定水準以上の住環境の宅地を迅速に大量に、サラリーマン層が買える価格帯で提供する必要がありました。

郊外に大規模ニュータウンを多数開発し、水道、下水道等の供給処理施設、教育施設を整備し、ショッピングセンター、医療施設等の福利利便施設を誘致し、通勤・通学の交通機関を準備するなど、体系的に宅地供給を進めてきまし

た。開発手法としては土地区画整理事業、新住宅市街地開発事業、開発行為の許可制度などが用いられました。不良な市街地が拡大再生産されないよう、新市街地開発には都市基盤施設の整備に多額の公共事業費が投入され、住環境が一定水準を確保されるよう規制や指導が行われました。

12.3 モータリゼーションに対応した道路整備

(1) 自動車交通の急増

下の表は、我が国の保有自動車数の推移を表したものです。1945年には今から見ればないに等しい台数から増加し、1965年以後は2000年まで5年ごとに1千万台増加（平均すると1年で2百万台増加）するというモータリゼーションが進行しました。

表　保有自動車数

年次		保有自動車数 （千台）
昭和20年	1945	139
昭和25年	1950	406
昭和30年	1955	1,451
昭和35年	1960	3,354
昭和40年	1965	8,075
昭和45年	1970	18,747
昭和50年	1975	28,886
昭和55年	1980	38,547
昭和60年	1985	47,390
平成2年	1990	59,499
平成7年	1995	68,898
平成12年	2000	74,216
平成17年	2005	75,656
平成18年	2006	75,833
平成19年	2007	75,625

小型二輪車を除き、軽自動車を含みます。
出典　国土交通省

次に輸送量からモータリゼーションの進行を見ます。

表　自動車輸送量（旅客）

年次		輸送人員 （百万人）	輸送人キロ （10億人km）
昭和25年	1950	1,515	9
昭和30年	1955	4,261	28
昭和35年	1960	7,901	56
昭和40年	1965	14,863	121
昭和45年	1970	24,032	284
昭和50年	1975	28,411	361
昭和55年	1980	33,515	432
昭和60年	1985	34,679	489
平成2年	1990	55,767	853
平成7年	1995	61,272	917
平成12年	2000	62,841	951
平成17年	2005	65,947	933
平成18年	2006	65,943	918
平成19年	2007	66,909	919

出典　国土交通省「陸運統計要覧」

　旅客の輸送人員、輸送人キロともに1950年から1995年、2000年頃まで驚異的に増加を続けました。

表　自動車輸送量（貨物）

年次		輸送トン数 （100万トン）	輸送トンキロ （10億トンキロ）
昭和25年	1950	309	5
昭和30年	1955	569	10
昭和35年	1960	1,156	21
昭和40年	1965	2,193	48
昭和45年	1970	4,626	136
昭和50年	1975	4,393	130
昭和55年	1980	5,318	179
昭和60年	1985	5,048	206
平成2年	1990	6,114	274
平成7年	1995	6,017	295
平成12年	2000	5,774	313
平成17年	2005	4,966	335
平成18年	2006	4,961	347
平成19年	2007	4,932	355

出典　国土交通省「陸運統計要覧」

表　国内貨物輸送の輸送機関別分担率

(トンキロベース)

年次		自動車	鉄道	内航海運
平成元年	1989	51.6	4.9	43.3
平成6年	1994	51.5	4.5	43.8
平成11年	1999	54.8	4.0	41.0
平成16年	2004	57.5	3.9	38.4
平成17年	2005	58.7	4.0	37.1
平成18年	2006	59.9	4.0	35.9
平成19年	2007	61.0	4.0	34.9

出典　国土交通省

　貨物の自動車輸送量については、輸送トン数は1990年まで急激な増加を続け1990年以後減少に転じ、輸送トンキロはその後も増加を続けています。これは近年では短距離の輸送が減少し、長距離の輸送が増加していることを意味します。国内貨物輸送の輸送機関別分担率を見ると、長距離輸送を担う内航海運の分担率が減少し、自動車の分担率が上昇しています。

(2) **道路の整備**

　このような自動車交通の激増に対応して、特定財源を持つ道路整備特別会計により、道路整備が進められてきました。

表　道路延長

年次		実延長(A) (千km)	規格改良済(B) (千km)	改良率（B/A） (％)
昭和31年	1956	943	83.1	8.8
昭和35年	1960	973	107	11.0
昭和40年	1965	989	159	16.1
昭和45年	1970	1,024	218	21.3
昭和50年	1975	1,068	291	27.2
昭和55年	1980	1,113	369	33.2
昭和60年	1985	1,128	452	40.1
平成2年	1990	1,115	540	48.4
平成7年	1995	1,142	603	52.8
平成12年	2000	1,166	655	56.2
平成17年	2005	1,193	705	59.1
平成18年	2006	1,197	712	59.5
平成19年	2007	1,201	720	60.0

出典　国土交通省「道路統計年報」より計算

上の表は、我が国の道路全体の整備状況ですが、1956年には規格改良済み延長が8万kmでしたが、2000年には65万kmとなり、改良率は56%になりました。

都市計画道路の幹線街路の改良率は、下図のとおり昭和45年度（1970年度）から、30年で24%改善され、平成12年度（2000年度）で52%の改良率となりました。

都市計画道路のうち幹線街路の整備状況

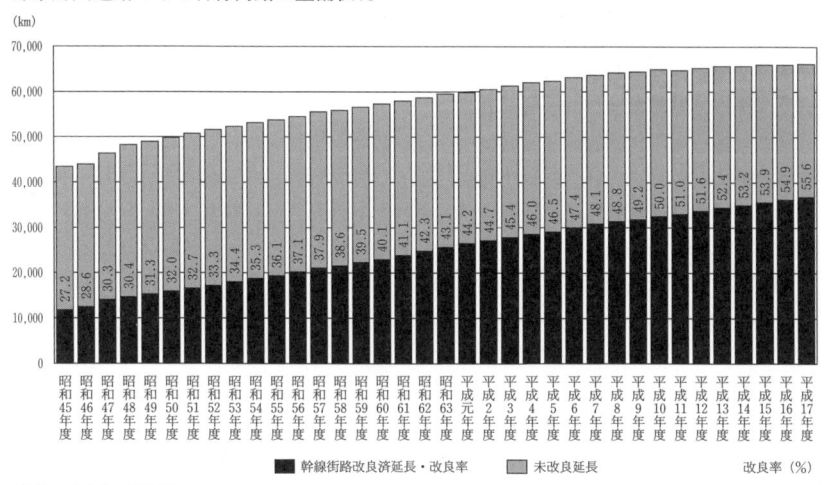

出典　国土交通省

表　一般道路の沿道状況別混雑度の推移

沿道状況		DID	その他市街部	平地部	山地部	合　計
S55	1980	0.97	0.78	0.74	0.47	0.73
S58	1983	0.96	0.80	0.75	0.56	0.76
S60	1985	0.98	0.80	0.73	0.50	0.74
S63	1988	1.18	0.99	0.69	0.49	0.77
H2	1990	1.20	1.00	0.71	0.52	0.79
H6	1994	1.18	0.99	0.72	0.50	0.78
H9	1997	1.18	0.99	0.73	0.50	0.79
H11	1999	1.15	0.96	0.71	0.47	0.76
H17	2005	1.11	0.94	0.68	0.46	0.73

国土交通省「道路交通センサス」（各年度）による平日値
混雑度とは交通量を交通容量で除した値です。

上の表は一般道路の沿道状況別混雑度の推移を表しています。都市部である、「DID」と「その他市街部」では混雑度が上昇を続け1990年が最も混雑し、「合計」でも1990年、1997年が混雑しています。その後は、混雑度の絶対値は高いものの緩和する傾向にあります。

　驚異的なモータリゼーションの進展に対応するべく、道路の整備が進められてきたものの、1990年頃までは混雑度は上昇を続け、近年ようやく改善のきざしが見えるようになってきました。

12.4　都市環境の改善

　公園、下水道の整備水準の低さは、我が国の都市計画の遅れの象徴として強く指摘されてきました。しかし、長年にわたる努力が実を結びつつあり、欧米諸国との比較において、遅れてはいてもけた違いにひどい状態は脱出できたのではないかと思います。

(1)　都市公園

　都市公園の整備は欧米諸国と比較すると遅れているものの、着実に進ちょくしています。1人当たり都市公園等面積の目標は、中期で10m^2／人、長期で20m^2／人です。昭和35年度（1960年度）で2.1m^2／人であったものが、平成12年度（2000年度）で8.1m^2／人、平成19年度（2007年度）で9.4m^2／人となっています。

図　都市公園等面積の推移

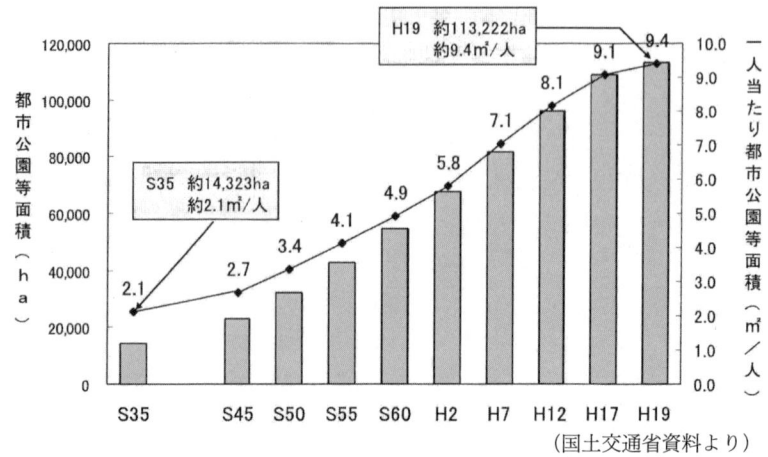

（国土交通省資料より）

図　海外主要都市の公園現況

都市	一人当たり公園面積(m²/人)
ニューヨーク アメリカ H9	29.3
バンクーバー カナダ H5	26.5
ロンドン イギリス H9	26.9
パリ フランス H6	11.8
ベルリン ドイツ H7	27.4
ウィーン オーストリア S63	57.9
ストックホルム スウェーデン H6	79.4
東京特別区 日本 H19	3.0
全国平均 日本 H19	9.4

出典　国土交通省

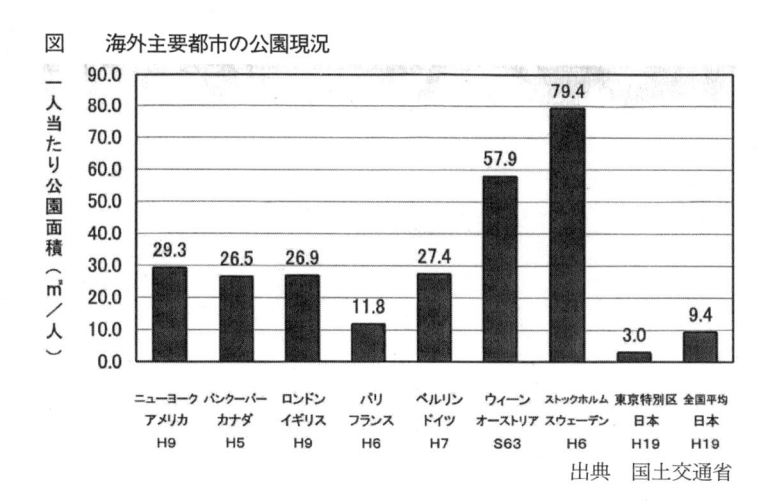

(2)　下水道

　下水道処理人口普及率は全国で昭和36年度（1960年度）には6％であったものが、平成12年度（2000年度）には62％、平成19年度（2007年度）には72％になりました。大都市では100％に近く、欧米諸国にひけを取らないところまで整備が進んだといえます。しかし、中小都市では低い普及率にとどまっています。

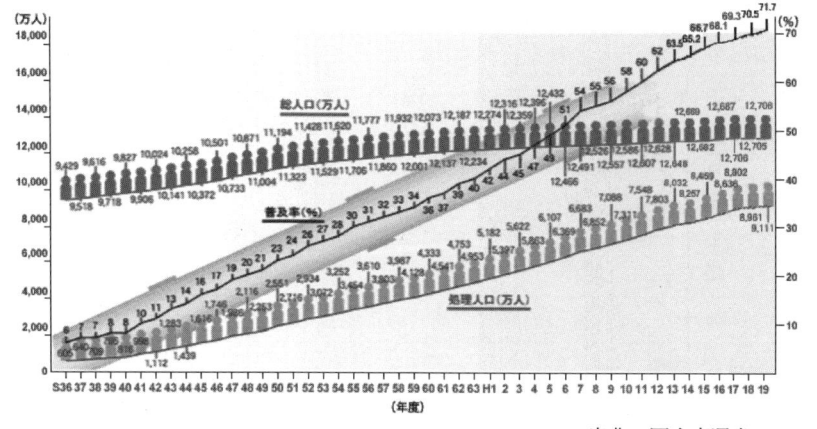

図　下水道普及率の推移

出典　国土交通省

第13章　都市関係政策と都市計画の歩み

　昭和43年（1968年）6月の新都市計画法の制定以後について、都市関係政策と都市計画の歩みを表にしました。都市関係政策や状況認識の変化に対応して、都市計画制度が拡充されてきた経緯がわかります。

表　　都市関係政策と都市計画の歩み　　　（＊）都市関係政策又は状況認識

年月・主な施策等	主な背景等
昭和43年　1968.6　　新都市計画法の制定	
・都市計画決定主体の変更（大臣から都道府県知事又は市町村に） ・市街化区域と市街化調整区域の区分の創設 ・開発許可制度の創設	・人口及び産業の都市集中に伴い、都市及びその周辺地域において、市街地が無秩序に拡散。 ・公害の発生等都市環境の悪化と公共投資の非効率の弊害。 ・大正8年に制定された旧都市計画法を全面的に見直し、総合的な土地利用計画の確立、都市計画における広域性及び総合性の確保、国と地方間の事務配分の合理化等を図る必要性。
昭和44年　1969.6　　都市再開発法の制定	
・合理的かつ高度に利用された健全な市街地を形成するため、土地及び建物についての権利変換手法により、建築物と公共施設とを一体的に整備し再開発する事業手法の創設	・都市への人口集中による過密化と不合理な土地利用により、都市機能の低下や都市環境の悪化。 ・都市の総合的な再開発のための新たな手法の必要性。
昭和47年　1972.6　　都市公園等整備緊急措置法の制定	
・都市公園の緊急かつ計画的整備	・都市化の急激な進展に伴う緑地とオープンスペースの減少。 ・レクリエーションの場所の不足、公害や災害に対する都市の

を促進するための都市公園整備5箇年計画の策定	脆弱化、都市環境の悪化。 ・都市の基幹的な生活環境基盤施設である都市公園の緊急かつ計画的な整備による都市環境の改善の必要性。

昭和47年　1972.6　『日本列島改造論』（＊）

・均衡ある国土のために大都市の機能を地方に再配置 ・必ずしも大都市に立地する必要のなくなった工場、大学、研究機関等を地方に分散	・大都市では政治、経済、文化等のあらゆる機能が集中し、肥大化。 ・地方都市は中枢管理機能や文化、学問の場が乏しく、必要な機能が維持できなくなるという問題。

昭和48年　1973.9　都市緑地保全法の制定

・緑地保全地区制度の創設 ・緑化協定制度の創設	・都市化の急激な進展に伴い、樹林地、草地、水辺地等が急速に減少。 ・既存の良好な自然的環境を積極的に保全するとともに、植栽等による市街地の緑化を推進し、良好な都市環境の形成を図る必要性。

昭和49年　1974.6　地域振興整備公団の発足

・地方都市開発整備等業務の実施	・大都市の人口及び産業を地方へ分散するとともに、地方の総合的な開発整備を進め、国土の均衡ある発展を図る。 ・工業活動、学園、流通業務等の計画的な誘導とあいまって、健全な地方都市を先行的に整備育成。

昭和49年　1974.6　生産緑地法の制定

・農地等で、良好な生活環境の確保に相当の効用を持ち、公共施設等の予定地として適するもの	・都市化の進展に伴う緑地の急激な減少による生活環境の悪化。 ・広く民有緑地を積極的に活用し

を対象とする生産緑地地区制度の創設	つつ、将来必要となる公共施設等の用地をあらかじめ確保する必要性。

昭和50年　1975.7　大都市地域における住宅及び住宅地の供給の促進に関する特別措置法の制定	
・大都市圏域ごとに、国の関係行政機関、都道府県及び指定都市により宅地開発協議会を組織 ・土地区画整理促進区域制度等の創設 ・特定土地区画整理事業等の創設	・大都市地域における住宅問題の深刻化に対処して、大量の住宅地の供給を図り住宅の建設を促進する必要。

昭和50年　1975.9　宅地開発公団の発足	
・関連公共施設、交通施設等の整備を行う権能を備えた宅地開発公団の設立	・人口と産業の大都市集中に伴う宅地の大量供給促進の必要性。

昭和54年　1979.12　「長期的視点に立った都市整備の基本方向について」（都市計画中央審議会答申）（＊）	
（当面講ずべき都市計画制度上の施策） ・地区計画制度の創設 ・再開発制度の改善	・我が国の都市は、近代的な都市整備の歴史が浅く社会資本ストックが少ないこと、土地利用計画が不十分なまま狭い可住地に各種土地利用が競合したこと、都市化が世界に例のないスピードで進んだこと等により様々な問題を抱えている。 ・都市化が全国的に展開していくことを考えると、都市づくりの理念と都市政策の基本方向を明らかにし、総合的な都市整備の施策体系を構築する必要がある。

昭和55年　1980.5　都市計画法・建築基準法の一部改正	
・主として街区内の居住者等の利	・地区レベルの計画を策定し、これに基づき民間の開発行為、建築行為を適正に規制、誘導する

用に供される地区施設の配置及び規模、建築物の形態、敷地等に関する事項等を一体的に定める地区計画制度を創設	ような新たな制度の創設が必要。 ・国民の高度化、多様化する欲求に応えて身の回りの快適性、都市の美しさの創造など総合的な居住環境を形成していく上からも地区レベルの計画の重要性が増大。

昭和56年　1981.1　住宅・都市整備公団の発足	
・都市機能の更新等を主目的とする都市の再開発事業の施行権能の付与 ・財投資金を用い、国営公園における特定公園施設の建設等	・行政改革を契機として、住宅・宅地の供給と都市整備の一体的な推進を図るため、日本住宅公団と宅地開発公団を統合し、住宅・都市整備公団を設立。

昭和59年　1984.8　「環境影響評価の実施について」の閣議決定	
・公害の防止及び自然環境の保全の観点から、規模が大きく、実施により環境に著しい影響を及ぼすおそれのある事業について、環境影響評価を行うための実施要領を閣議決定	・昭和40年代半ばから環境の悪化等を理由として公共事業に対する地域住民の反対が高まり、事業の実施が円滑に進まない事例が増加。 ・住民の権利意識や参加意識の高まり、身の回りの環境を重視する傾向のほか、このような情勢の変化に対する事業主体側の対応が必ずしも十分ではなかったことも要因。

昭和60年　1985.1　『内需拡大に関する対策』（経済対策閣僚会議）（＊）	
・公共的事業分野への民間活力の導入	・経済の拡大均衡を通じて経済摩擦の解消を目指すため、市場開放を推進するとともに、円高の定着を図りつつ、内需拡大に努力し、それらを通じて、対外不均衡の是正に積極的に取り組むことが要請される。 ・民間活力を最大限に活用するこ

		とを基本として内需拡大を図る必要。
昭和61年　1986.4　『国際協調のための経済構造調整研究会報告書』(前川レポート)(＊)		
	・大都市圏を中心に、既成市街地の再開発による職住近接の居住スペースの創出や新住宅都市の建設を促進 ・地価の上昇を抑制するため、地方公共団体による宅地開発要綱の緩和、用途地域の見直し等	・外需依存から内需主導型の活力ある経済成長への転換を図るため、乗数効果も大きく、かつ個人消費の拡大につながるような効果的な内需拡大策に最重点を置く。
昭和61年　1986.5　民間事業者の能力の活用による特定施設の整備の促進に関する臨時措置法の制定		
	・技術革新、情報化及び国際化の進展等の変化に対応し、経済社会の基盤の充実に資する施設整備を促進。民間事業者の資金的、経営的能力の有効活用を促進するための法律的枠組みの整備	・内需拡大の要請に応え、地域経済社会の活性化を図るため、民間事業者による施設整備に対して税制等の呼び水的な政策支援を行う必要性。
昭和62年　1987.6　集落地域整備法の制定		
	・農業の生産条件と都市環境との調和のとれた地域の整備を推進し、適正な土地利用を実現するための集落地域の計画的な整備制度の創設	・混住化、兼農化の進展等による虫喰い的な農地転用による農業生産機能の低下。 ・無秩序な建築活動による居住環境の悪化。 ・生産性の高い農業の確立と良好な都市環境の確保の必要性。
昭和62年　1987.6　民間都市開発の推進に関する特別措置法の制定		
	・民間都市開発事業について、参加や融通業務を行う民間都市開発推進機構に対し、無利子貸付け等の支援措置を講ずるなどの制度を創設。	・内需の振興、地域経済の活性化等の要請に応え、民間事業者の能力を活用しつつ、良好な都市開発を推進する必要性。

平成2年　1990.3　「土地関連融資の抑制について」（大蔵省銀行局長通達）	
・不動産業向け貸出の増勢を総貸出の増勢以下に抑制することを目途として、各金融機関において調整を図るいわゆる「総量規制」を実施	・金融面からも地価問題に積極的に対応が必要。
平成3年　1991.3　土地税制改革（＊）	
・地価税の創設や土地保有課税・譲渡益課税の強化等	・土地の資産としての有利性を縮減し、投機的土地取引の抑制と土地の有効利用の促進の必要性。
平成4年　1992.6　都市計画法・建築基準法の一部改正	
・用途地域を12種類に詳細化 ・市町村の都市計画に関する基本的な方針（市町村マスタープラン）の創設	・地価高騰に対応して適切な住環境の保護等を図るため、土地利用計画制度等の充実を図る必要。
平成7年　1995.2　被災市街地復興特別措置法の制定	
・本格的復興を迅速円滑に進めるための被災市街地復興推進地域の創設 ・土地区画整理事業等を推進するための事業手法の拡充 ・復興に必要な住宅供給確保のための特例措置	・阪神・淡路大震災を教訓とし、大規模な災害が発生した都市において、迅速かつ的確なる復興を可能とする制度の必要性。
平成9年　1997.5　密集市街地における防災街区の整備の促進に関する法律の制定	
・防災再開発促進地区における建築物建て替えの促進 ・防災街区整備地区計画及びその実現促進措置 ・延焼等危険建築物の除却のための制度を創設	・阪神・淡路大震災の経験にかんがみ、危険な密集市街地について防災機能の確保と土地の合理的かつ健全な利用を図るための制度の必要性。
平成9年　1997.6　「今後の都市政策のあり方について中間とりまとめ」（都市計画中央審議会答申）（＊）	

・既成市街地の再構築と都市間連携 ・経済活動の活性化等に寄与する都市整備の展開 ・環境問題、景観形成など新たな潮流への対応	・都市の拡張テンポが低下してきており、加えて郊外の自然を守ろうとする動きはかつてなく強い。一方で都市の内部には、解決すべき問題が数多く残され、空洞化など新たな問題が出てきている。 ・人口、産業が都市へ集中し、都市が拡大する「都市化社会」から、都市化が落ち着いて産業、文化等の活動が都市を共有の場として展開する成熟した「都市型社会」へ移行した。 ・都市の拡張への対応に追われるのではなく都市のなかへと目を向け直して「都市の再構築」を推進すべき時期に立ち至った。
平成9年　1997.6　環境影響評価法の制定	
・都市計画決定権者が都市計画を定める手続とあわせて環境影響評価を行う特例を規定	・中央環境審議会において、新たな環境影響評価制度は法律による制度とすること、事業者ができる限り早い段階から環境配慮を行うことなどの方針を提示。
平成10年　1998.6　中心市街地における市街地の整備改善及び商業等の活性化の一体化推進に関する法律の制定	
・市街地の整備改善と商業等の活性化を一体的に推進するための制度の創設	・モータリゼーションの進展、中心商店街の疲弊等を背景として中心市街地の空洞化が進行し、その活性化が緊急の課題。
平成12年　2000.5　都市計画法・建築基準法の一部改正	
・準都市計画区域、特定用途制限地域、立体都市計画制度の創設 ・市街化区域・市街化調整区域の区域区分の決定を一部必須一部選択制に変更	・活力ある中心市街地の再生と豊かな田園環境の下でのゆとりある居住を実現する必要。 ・地域の自主性を尊重し、地域特性をいかせる使い勝手のよい仕

		組みの必要性。
平成13年　2001.4　『緊急経済対策』（経済対策閣僚会議）（＊）		
	・金融再生と産業再生 ・都市再生、土地の流動化 ・都市再生本部（本部長：内閣総理大臣）の設置 ・21世紀型都市再生プロジェクトの推進	・不動産市場の低迷は、資源の有効利用を妨げ、適正な価格の形成も遅らせている。 ・資産市場の抱えるこのような構造問題に取り組むことは、日本経済がダイナミックな成長を遂げていく上でも極めて重要な意味を持っている。
平成14年　2002.4　都市再生特別措置法の制定		
	・都市再生緊急整備地域を政令で定め、都市再生本部が整備方針を決定 ・用途地域等に基づく規制を適用除外とする都市再生特別地区を創設 ・民間事業者等による都市計画の提案制度等を創設	・都市の魅力と国際競争力を高めることが経済構造改革の一環として重要な課題。 ・民間の資金やノウハウを都市の再生に振り向けることが不可欠。
平成15年　2003.12　「国際化、情報化、高齢化、人口減少等21世紀の新しい潮流に対応した都市再生のあり方について」（社会資本整備審議会答申）（＊）		
	・環境と共生した持続可能な都市の構築 ・国際競争力の高い世界都市・個性と活力あふれる地方都市への再生 ・「良好な景観・緑」と「地域文化」に恵まれた『都市美空間』の創造	・我が国の都市は、街並みや住宅、社会資本の質において依然として多くの「負の遺産」を抱えたまま、人口の減少を伴いつつ、空洞化が進む「市街地縮小の時代」と言うべき、今まで経験したことのない新たな局面に突入。 ・クルマに過度に依存した拡散型都市構造を、コンパクトで緑とオープンスペースの豊かな集約型都市構造へと転換。
平成16年　2004.4　都市再生特別措置法の一部改正		

第13章　都市関係政策と都市計画の歩み

227

・地方の自主性、裁量性を大幅に拡大した都市再生のための交付金（まちづくり交付金）制度を創設 ・都道府県の有する都市計画決定権限等の市町村への移譲 ・NPO法人等が実施する事業等を都市再生整備計画に位置付けし支援	・民間活力が十分ではない地方都市において、地域の実情に応じた都市再生を効果的に進める必要。 ・地域の実情を熟知した市町村のまちづくりに関する権限の拡充とあわせて、市町村の自主性・裁量性の高い財政支援制度を創設する等の必要性。

平成16年　2004.6　景観法の制定	
・景観計画の策定 ・景観計画区域等における行為規制 ・景観重要公共施設の整備 ・景観協定の締結	・経済社会の成熟化に伴う国民の価値観の変化等により、個性ある美しい町並みや景観形成が求められ、各地で景観条例の制定等の取組。 ・良好な景観の形成を国政の重要課題として位置付け、地方公共団体の取組を支援するための法的な仕組みの必要性。

平成18年　2006.2　「新しい時代の都市計画はいかにあるべきか」（社会資本整備審議会第一次答申）（＊）	
・広域的都市機能の適正立地のための都市計画制度	・都市圏内の一定の地域を、都市機能の集積を促進する拠点（集約拠点）として位置付け、集約拠点と都市圏内のその他の地域を公共交通ネットワークで有機的に連携させる『集約型都市構造』を実現する必要。

平成18年　2006.5　都市計画法・建築基準法の一部改正	
・工業地域、白地地域等において大規模集客施設の立地を原則と	・モータリゼーションの進展等を背景として都市の無秩序な拡散が進み、中心市街地の空洞化、公共投資の非効率性、環境負荷の増大などの問題が発生。

して禁止 ・市街化調整区域内において大規模開発を許可できる基準の廃止、病院、学校等の公共公益施設を開発許可等の対象化	・既存ストックを有効に活用しつつ、都市機能を集約したコンパクトなまちづくりが必要。 ・都市構造に広域的に大きな影響を与える大規模集客施設や公共公益施設につき、都市計画の手続を通じて、地域の判断を反映した適切な立地確保が必要。
平成20年　2008.3　京都議定書目標達成計画の改定	
・集約型・低炭素型都市構造の実現（追加） ・下水道における省エネルギー対策、汚泥資源等の新エネルギーとしての有効利用（追加） ・下水汚泥焼却施設における燃焼高度化 ・都市緑化等ヒートアイランド対策 ・エネルギーの面的利用の推進	・都市の在り方は地球温暖化に大きく影響を及ぼすものであり、低炭素社会の構築に向け、都市構造の転換が必要。
平成20年　2008.5　地域における歴史的風致の維持及び向上に関する法律の制定	
・市町村が作成する歴史的風致に関する計画を国土交通大臣、文部科学大臣等が共同で認定 ・重要文化財等と一体となっている建造物を市町村が指定して保全する制度等の創設 ・地域の歴史・伝統をいかした物品販売等を行う建築物を立地可能とする制度の創設	・歴史上価値の高い建造物を核とした歴史的風致が急速に消失。 ・貴重な資産である歴史的風致の維持・向上を図るためのまちづくりを積極的に支援する必要。

都市計画関係法　索引

屋外広告物法	80
環境影響評価法	163
幹線道路の沿道の整備に関する法律（沿道法）	46
共同溝の整備等に関する特別措置法（共同溝法）	98
近畿圏の近郊整備区域及び都市開発区域の整備及び開発に関する法律	147
景観法	56
高齢者、障害者等の移動等の円滑化の促進に関する法律（バリアフリー新法）	109
古都における歴史的風土の保存に関する特別措置法（古都保存法）	59
自転車の安全利用の促進及び自転車等の駐車対策の総合的推進に関する法律（自転車法）	112
自動車ターミナル法	113
集落地域整備法	49
首都圏の近郊整備地帯及び都市開発区域の整備に関する法律	147
新住宅市街地開発法	147
新都市基盤整備法	153
生産緑地法	55
租税特別措置法	169
大深度地下の公共的使用に関する特別措置法（大深度法）	85
大都市地域における住宅及び住宅地の供給の促進に関する特別措置法（大都市法）	10、78、153
大都市地域における宅地開発及び鉄道整備の一体的推進に関する特別措置法（宅鉄法）	106
地域における歴史的風致の維持及び向上に関する法律（歴史まちづくり法）	45
地方拠点都市地域の整備及び産業業務施設の再配置の促進に関する法律（地方拠点法）	11、79
駐車場法	60
中心市街地の活性化に関する法律（中心市街地活性化法）	187、190
電線共同溝の整備等に関する特別措置法（電線共同溝法）	97
特定空港周辺航空機騒音対策特別措置法	63

法律名	ページ
都市再開発法	9、148
都市再生特別措置法	31、196
都市鉄道等利便増進法	106
都市モノレールの整備の促進に関する法律（都市モノレール法）	103
都市緑地法	53
土地区画整理法	134
土地収用法	167
被災市街地復興特別措置法	65
密集市街地における防災街区の促進に関する法律（密集市街地整備法）	41
流通業務市街地の整備に関する法律（流市法）	62

著者略歴

蔵敷　明秀　（くらしき　あきひで）

1950年　奈良県に生まれる
1973年　名古屋工業大学土木工学科卒業
同　年　建設省入省
2002年　国土交通省退職　この間都市計画業務に従事
2002～2006年　㈶区画整理促進機構　専務理事
現　在　昭和株式会社　顧問

入門 都市計画

2010年2月12日　第1版第1刷発行
2012年8月31日　第1版第2刷発行

編　著	蔵　敷　明　秀
発行者	松　林　久　行
発行所	株式会社大成出版社

東京都世田谷区羽根木1―7―11
〒156-0042　電話03（3321）4131（代）
http://taisei-shuppan.co.jp

ⓒ 2010 蔵敷明秀　　　　　　　印刷 信教印刷
落丁・乱丁はおとりかえいたします。

ISBN978-4-8028-2929-8